与最聪明的人共同进化

HERE COME

智慧

CHEERS

情绪就是你的创造力

情绪科学
通识系列
罗跃嘉 主编

Emotions and Creativity

邱江 李亚丹 杨文静　著

浙江教育出版社·杭州

测一测

你知道如何科学地激发创造力吗

扫码激活这本书
获取你的专属福利

扫码获取全部测试题及答案，
一起跟随专家提高创造力！

- 很多人认为"诗仙"李白是"酒精提升创造力"的一个典型范例，从创造性认知科学的角度讲，这是对的吗？（ ）

  A. 对

  B. 错

- 音乐、体育、艺术等方面的创造力一般在成年早期达到最高水平，语言、哲学和科学等与阅历、知识等有关的创造力则可能会终生发展。这是对的吗？（ ）

  A. 对

  B. 错

- 关于精神疾病与创造力的表述，以下说法正确的是：（ ）

  A. 患有轻度精神疾病的人更可能带来伟大的创造

  B. 高创造力者的后代患精神疾病的概率也更高

  C. 成为"天才"还是"疯子"并不完全由基因决定，还和养育者的教养方式有关

  D. 以上全部

扫描左侧二维码查看本书更多测试题

本书是国家社科基金重大招标项目"基于脑科学的青少年创新素质评价与提升路径研究"的研究成果的部分展示，该项目批准号为：21&ZD312。

拨开情绪与创造力的迷雾，迈向热气腾腾的人生

　　管理学界有一句名言：情绪是第一生产力。那么，难以捉摸的情绪是如何直接作用于实际生产的呢？事实上，不可忽视且几乎毫无争议的一点就是，情绪可以激发创造力。

　　情绪与创造力关系的研究始于 20 世纪末。虽然情绪对创造力有重要影响已经是不争的事实，但相关研究仍然比较零散。自 2007 年以来，我[①]带领团队长期从事创造性认知神经机制的研究，希望找到创造力的客观化测评方法，并找到能干预和提升创造力的途径，从而改善儿童和青少年创新素质培养教育的现状。

[①] 本书由邱江带领研究团队成员李亚丹、杨文静共同完成，在称"我们"时是指作者三人，在称"我"时是指邱江一人。——编者注

通俗地说，我们的工作就是弄清楚创造力是一种什么样的心理现象，创造力能不能被量化，以及哪些因素会影响创造力，从而找到培养拔尖创新人才的新途径，并通过最新的神经科学手段来验证。

在多年的探索过程中，我们逐渐摸索出了诸多有效探究情绪与创造力的路径，并取得了不错的成绩。因此，我们想通过本书将其分享给广大读者。希望本书能为高校相关专业的师生、科研工作者以及对创造力感兴趣的朋友们带来本领域的新知与工作和生活上的启发。

在正式开始之前，我想先介绍一下我们的具体研究工作，这或许对读者理解情绪与创造力相关研究的全貌有所帮助。

不懈探究创造力的奥秘

我们对创造力的研究主要包括创造力的产生机制、创造力的测量、高创造力人才培养 3 个方面。

在创造力的产生机制方面，我们主要根据原型启发理论来探讨现实生活中创造性思维产生的机制，从而找到提升创新素质的方法。我们将表面上不相关的事物称为"原型"，将其对问题解决的作用称为"启发"。为什么高创造力者能从表面无关的事物中获得启发进而产生灵感，而低创造力者相对难以做到呢？我们团队基于长期创造性基础的研究发现，能把表面无关的事物联系起来以解决当前的问题，可能是高创造力者更有灵感的表现之一（Yang et al., 2022）[①]。不难发现，生活中的很多创新思维都是受

[①] 本书所有详细参考文献可扫描书末"阅读资料包"页的二维码查看。——编者注

其他事物的启发而产生的，比如传说鲁班看到锯齿状的茅草后发明了锯子，瓦特看到被沸腾的水顶开的水壶盖子后发明了蒸汽机……那么，我们能否找出创造性思维的产生机制呢？我们能否通过训练创造性思维来提升创造力呢？这正是我们着力探究的内容。

在创造力的测量方面，我们试图从脑科学的角度，找出创造力的客观测量指标以及衡量拔尖创新人才的客观指标。比如，是否某个人的某个脑区更大以及某些脑区的联系更多就能说明他的创造力更强呢？这也是我们关心的话题。

在高创造力人才培养方面，我们致力于探究儿童及青少年大脑发育与创造力发展的关系，并试图找到创造力培养和开发的关键期和个性化方案。

在探索过程中，我和团队走过一些弯路，但也取得了不少令人欣慰的成绩，这些成绩在一定程度上代表了国内创造力相关研究的最新水平。由于篇幅有限，在此仅列举几项。

第一，我们首次在国际上提出了创造力的原型启发理论，并基于此开发了创造力的研究范式和测评工具，阐明了创造性思维的产生机制及影响因素。截至 2021 年 1 月，国内已有 20 余家科研单位受益于相关实验材料和测量工具；美国芝加哥大学的心理学教授霍华德·努斯鲍姆（Howard Nusbaum）团队将原型启发理论翻译成英文，并将其用于创造力的研究；2022 年，受国际权威科学杂志《认知科学趋势》（*Trends in Cognitive Sciences*）主编的邀请，我在该杂志中全面地介绍了原型启发理论。

第二，我们建立了创造性多模态脑影像数据库。结合深度学习等前沿方法和技术手段，我们揭示了青少年创新素质发展的关键期和大脑发育规律，以及在创新素质培养和提升中，遗传、环境与大脑的交互机制，将青少年心脑关联机制的探索进程又向前推进了一步。

第三，我们通过国际合作，采用脑熵[①]指标，揭示了高创造力者的大脑动力学机制。我们通过一系列研究证明，高创造力者表现出了更加灵活的大脑动态功能活动和更强的大脑信息加工能力，而脑熵对检测人们的创新素质具有重要价值（Shi，et al.，2020）。

第四，我们初步探明了提升创造性思维的有效方法以及创新能力训练对大脑可塑性的影响。比如，短暂的创造性认知激励法可以有效增强与创造力相关的大脑功能连接；发散思维训练可以提高人的创造力，且能对大脑结构和大脑功能的可塑性产生影响；长期坚持有氧运动能提升创造力；等等。

第五，我们组织召开了第一届"创造性与大脑潜能开发"国际会议，共同组建了中国创造力研究协作组。我有幸担任协作组副组长，为促进和提高国内创造力研究、培养青少年创新能力、推动教育改革和发展等尽了自己的绵薄之力。

第六，我领导的创造性研究团队已成为在国际"创造性神经机制"领域具有重要学术影响力的团队之一，我们的创造性研究成果先后被编入相

[①] 熵原本是物理学和统计学上的概念，用于描述某一动态过程的复杂性、随机性或预测性。大脑本身就是在不断变化的，已有大量研究人员将"熵值"的概念引入脑影像研究中，并开发了很多计算静息态下脑熵值 (Brain Entropy Mapping, BEM) 的方法，从而描述大脑在静息态下的动态特性。

关专著和教材，为有效促进创新素质培养与拔尖创新人才选拔提供了科学依据。

所有的科学成果都将服务于生活

我和同事共同写这本书，是希望尽可能通过它来讲明白情绪对创造力的真正作用，揭示情绪对创造力在认知神经机制方面的影响，并在此基础上进一步探讨亚临床抑郁与创造力关联背后的潜在神经机制。在此基础上，我们希望寻找促进创造性思维发展的有效途径、制定特殊教育策略或干预措施，从而促进创造力的有效提升和创新型人才的培养，帮助人们完善和发展自身情绪、人格及创造力，并实现心理状态各个层面的整体和谐。

此外，我相信所有的研究最终都将不同程度地服务于生活，情绪与创造力的研究也不例外。希望读者朋友在读完本书后，不仅能对本领域的研究成果有全面和全新的认识，也能用它更好地指导生活。

在日常生活中，情绪对每个人来说都如影随形，它几乎无时无刻不在影响着我们的创造力。情绪就像个顽皮的孩子，今天把我们的创造力推向高峰，明天又把我们的创造力"轰炸"得片甲不留，令人气恼却又无可奈何。作为一名研究情绪多年的心理学家，我想告诉读者朋友们：首先，这再正常不过了；其次，我们完全可以用科学方法来化解其消极影响。

比如，当你为一件悬而未决的事情烦心时，这种情绪就会一直缠着你，让你无法静心工作。而你越无法平复，就越容易在心里批判自己没用，接着，情绪就会像滚雪球一样，越滚越大。此时，你的生命轨迹好像变成了单行道，当它被情绪占据后，你的创造力就无路可走了……解决方法其实很简单，那就是接纳自己，接受你的每种情绪都事出有因，接受在某些状况下，你的情绪就是会不由自主地跑出来。你要知道，情绪有权决定自己在什么时候出现，而你也有权决定如何表达自己的情绪。

当你不时地陷入情绪，比如感到愤怒、委屈、不被爱或恐惧时，每一种感受都那么强烈，身心都不会好受。有时，你可能会想要逃避，想指责外界的人和事，但你应该知道，一切不过是因为你内心的旧伤又被触动了。此时你要做的，就是觉察它，然后让它静静地待在那里。不再让它成为阻碍你行动的冰山，而是让它自然地化作水流，此时，你便能慢慢地将内心起伏的那股能量引流到当下正在做的事情上，和情绪一起活在当下，该写稿写稿，该做事做事……

总之，情绪与创造力不是争抢生命通道的两股反作用力，它们完全可以汇聚成一股力量，帮助我们更好地活出生命本来的意义。这也是我们写作本书的初衷。希望本书能带你了解情绪的本来面目，让你学会掌控情绪并有力地激发出自己强大的创新潜能，努力把自己修炼得"热气腾腾"，做个充实、美好、有意思的人！

掌握情绪密码，窥探创造力的神奇世界

灵感，这个词听上去缥缈得像秋日的雾，像寒冬的青鸟，偶尔会在人的世界中闪现。古往今来，人们常常惊叹于灵感乍现造就的成果。

据说，斗酒诗百篇的"诗仙"李白曾游历到四川青林镇。由于青林镇繁华且民风淳朴，李白便在此逗留了一段时间。因为李白的名气非常大，当地的许多文人墨客甚至刚开始读书的稚子孩童都慕名而来，请求李白为自己作诗，一时间，李白的住处门庭若市，往来之人络绎不绝。李白一般都会拒绝，不会为他们作诗。当地有一名聪明的铁匠，想求李白为自己写副对联。他在得知别人求诗不成时便想：要用什么方法才能让李白为自己写副对联呢？

这名铁匠知道李白酷爱饮酒，便灵机一动，拎着一大坛好酒去找李白了。他没说自己是来求墨宝的，而说是给李白送酒来了。李白一听很高兴，嗜酒如命的他哪里经得住美酒的诱惑，不一会儿便把一大坛酒喝光了。借着醉意，李白挥毫为铁匠写下了一句上联：青林口，白铁匠，生红炉，烧黑炭，坐南朝北打东西。但他还没来得及写出下联，便睡过去了。铁匠见状，只好就此作罢。第二天一大早，铁匠急匆匆地又去找李白，想让李白写出下联，结果李白怎么也无法对出下联。因此，这句上联便成了千古绝对。

"科学巨匠"爱因斯坦曾将他灵光一现悟到广义相对论的那一刻，称为他一生中最幸福的时刻。

我自己也曾有过灵感爆发的时刻，当时写了几行情诗，博得佳人一笑。事后，我一直在思考：富有创造力的灵感是怎么来的？灵光乍现的前一秒到底发生了什么？究竟什么样的情绪能激发创造力？

神秘的创造力之源

长久以来，大多数人都认为，积极情绪有助于激发创造力，因为它能令人心胸开阔；消极情绪则不利于激发创造力，因为它会令人思路狭隘。然而，这一观点实在过于主观。**根据生物进化理论，情绪对人类来说一般都是有益的，即便是消极情绪也一样。**例如，适度焦虑会促使人采取行动，远离威胁；恶心会防止人吃下腐坏有毒的食物；无聊则能促使人们及时从当前失去益处的目标中抽身，以追求新的目标和体验，从而寻求改变。

改变是指从一种状态转变到另一种状态，但它并不一定带来创新。例如，把一家商城变成体育馆，要做出一些改变，但这并不是一种创新；而如果把商城的购物逛街与有氧健身运动班结合在一起，这就是一种创新。创新是指把新观念或新思想付诸实践的想法或行动。同样，如果一家公司为了削减成本而解雇一半的员工，那么它只是经历了一场巨大的变化而已；而如果这家公司找到一种全新的方法来影响顾客并通过为顾客提供服务来增加收益，那么它就促成了创新。

创造力指的是创造的能力或才能，兼具创新的特点和创造的能力。改变是创新的第一步，创新则是实现目标的一种手段，而不是目标本身。最终的目标是拥有持续的创新能力，也就是创造力。创新意味着采取最有前瞻性的观点，并对其进行试验，观察其能否落到实处。虽然并不是所有的创新都会成功，难免会有失败，但真正富有创造力的人可以投入持久的注意力，不断挖掘和创新，直至实现目标。

持久的注意力对创造性思维至关重要。短暂的注意力通常会带来不同想法的自由漂浮与碰撞，持久的注意力则有助于人们线性地、有步骤地实现目标。最新研究显示，在理解注意力的作用时，积极情绪和消极情绪之间的区别或许并不是最重要的。**有研究表明，影响一个人注意力持久与否的并非积极情绪或消极情绪，而是情绪的强度，也就是人有多想接近或避开某事物。**举个例子，高兴是一种积极情绪，但它的动机强度却很低；相对而言，厌恶则是一种具有高动机强度的消极情绪。

因此，拥有持久的注意力的能力对创造力至关重要。在人类大脑中，有两个区域通常处于"争执不休"的状态：一个区域与注意力控制相关，另一个区域则与想象力和自发思维相关。有神经科学研究表明，在富有创造力之人的大脑中，这两个区域之间的连接更好。事实上，整个创新过程并非仅仅集中在醍醐灌顶的那一刻，而是包含一系列复杂的复合型生化反应，既包括兴奋情绪的产生和灵感的涌现，也包括冷静而理性的思考。

富有创造力的人并不只具备一种心态，他们能根据任务的需求，将以上两种看似不兼容的心态有效地结合起来，并且能很好地适应。无论是在创造性思维方面，还是在保持持久的注意力方面，他们都小心谨慎又充满幻想，相信直觉又不失理性，尊重传统又不失创新。

还有一些研究发现，与仅仅声称自己感受到积极情绪或消极情绪的人相比，那些声称自己常常经历极端情绪或强烈情绪的人在创造力测验上的得分更高。饱含热情和激情的生活能令人获得更深层次的人生阅历，这有助于增强人的创造力。我们在调查中发现，与智商或智力投入等指标相比，持久的注意力能更好地预测一个人的艺术创造力。

内心复杂且情绪矛盾，也可以激发创造力。一般而言，我们很少只是单纯地感到高兴或悲伤。**高创造力者其实更倾向于体验复杂的情绪，如同时体验到积极情绪和消极情绪。**有研究显示，如果一个人能同时体验到多种通常不会一起出现的情绪，如兴奋和挫败感，就说明他对情绪具有高度敏感性，而这种特质往往是激发创造力的另一个因素。

综上所述，创造力与创新是人类社会发展和进步的重要条件和动力。创造性思维是创造力和创新的具体表现和核心，是创新型人才必须具备的基本素质，也是社会不可或缺的思维要素。由于社会发展的需求与推动，创造性思维及其影响机制问题日益成为当代心理学研究中的热点问题和焦点问题。对创造性思维影响机制的把握是提升创造力的关键前提。因此，开展创造性研究及探索如何更好地培养和提高创造力，是全球共同关心的重大课题，这对教育、科技、商业等领域有重大的指导意义。在影响创造性思维的个人特征中，情绪这一要素为创造性活动提供了必要的心理背景和状态，它是促使人将自己潜在的创造力转化为现实的创造性行为和成果的重要动力因素。

让情绪成为创造力的发动机

针对情绪与创造力关系的研究已有近 30 年的历史，与 30 年前相比，今天我们对这一问题的理解已经更为深入。本书着重探讨的是情绪对创造力的动力作用，从不同角度分析情绪对创造力的影响，对情绪影响创造力的认知神经机制问题进行有意义的探索，并在此基础上进一步探讨了亚临床抑郁与创造力关联背后的潜在神经机制。总的来说，本书有助于加深人们对情绪与创造力关系的全面认识。

在此，我要转述一位朋友和本书之间发生的一则小故事：我的一位女性朋友常说，如果有情绪显示仪，那么她的情绪指针是在 0 ～ 100 剧烈摇摆的，甚少处于中间状态。有时，外界的事物会刺激到她内心敏感的部分，有时她又会莫名其妙地感到情绪低落，就像她每次来月经之前、工作太累时的状态一样："嗨"的时候"嗨"到极致，低落的时候低落到极致。过去，她最听不得别人说的一句话就是"你太情绪化了"，一听到这句话，她一定会翻脸，感觉自己被批判了。虽然她极力否认，但每次情绪一上来，她就变得很消极和被动，什么也不愿意做，什么也做不了，生理和心理都备受煎熬。

这位女性朋友曾和我说，她内心非常痛恨自己的情绪化，尤其是来月经那段时间。她一直思考：为什么别的女性都那么平和、宁静、淡然，自己却像被踩了尾巴的猫一样，上蹿下跳？她是做媒体的，碰到截稿日，又会被情绪堵住，面对着电脑，她会枯坐一天，一个字都写不出来。于是，她便默默地批判自己没用，而她的情绪就像滚雪球一样，越滚越大。

后来，她做了很多关于情绪的功课，开始静心，接受催眠，她这才发现，即便她这样喜怒形于色的人，身体里也积压了许多情绪。因为当她愤怒时，不敢直接表达出来，比如她从未表达过"你这样对待我，我很生气"；当她悲伤时，也不敢将情绪释放出来，怕自己变得更加软弱无用；当她快乐时，也不敢纵情享受，怕快乐一闪即逝……她说，有一次她在工作时和一位同事发生了摩擦，其实问题解决起来很容易，可以直接告诉对方："我现在在忙，请不要用'几点了？'这样无聊的问题来打扰我，好吗？"但她说不出口，只能私底下向我抱怨，甚至还罗列了对方的许多"罪状"来证明对方真的很令人讨厌。

我告诉她："其实，就算对方再好，你也有不喜欢对方的权利！"她此时才忽然明白过来，原来她一直处在"试图合理化情绪"和"我真的不该有情绪"的矛盾中，消耗了自己巨大的生命能量和生活精力。我耐心地对她说，解决方法很简单，只需接纳自己就够了。她应该接纳自己就是情绪起伏大的人，自己的每种情绪都事出有因，自己在某些状况下就是会不由自主地产生情绪。

《零极限》一书中有这样一句话："你不是依据记忆行动，就是依据灵感行动。"所谓的"情绪"，其实就像过往事件留下的记忆按钮。当相同模式的人、事、物"按下"我们的情绪按钮时，我们表上面看起来陷入了情绪之中，但实质上，我们是把自己困在了过去。

　　其实，情绪没有好坏之分，无论是愤怒、委屈、恐惧，还是兴奋、快乐、满足，它们都是进化赠予我们的宝贵礼物。我们需要做的，就是和情绪共处，活在当下。

　　最后，希望本书能给读者带来一些帮助和启发。同时我也期待，未来能与更多研究人员一起，对情绪与创造力关系这一问题展开更深入的探讨和交流。

第 1 章

难以捉摸的情绪
与天马行空的创造力

情感和愿望是人类一切努力和创造背后的动力。

——阿尔伯特·爱因斯坦

∞　人在音乐、体育、艺术等方面的创造力一般在成年早期达到最高水平，语言、哲学和科学等与阅历、知识等有关的创造力则可能会终生发展。

∞　高创造力人群更可能存在成就动机和开放性人格，这些向外界完全敞开自我的人在交流中会产生更多灵感，结果他们付出越多，回报越大，造就了创造力领域的马太效应。

∞　人的创新能力在一定程度上是可以提高的，相应的大脑结构和大脑功能也是可塑的。

解构创造力的内涵

创造力到底是什么？这是一个常被提及却很难回答的问题，就像爱情一样，很多人都见过或经历过，但很少有人能说得清楚它到底是什么。

创造力又称创造性，英文写作 creativity，这个单词源于拉丁语 creare，意为"创造""创新""生产""造就"。创造力被视为人类智慧和能力的最高体现，人们对它的关注最早可追溯至古希腊时期。对"创造力"概念的科学研究，始于弗朗西斯·高尔顿（Francis Galton），他在 1870 年对天才人物进行了研究。不过，真正对创造力进行科学研究的是沃尔特·迪尔伯恩（Walter Dearborn），他使用测量方法研究创造性思维。

创造性思维是人类思维的高级认知过程，也是创造力的具体表现和核心（Guilford，1950）。但到目前为止，人们对创造性思维本质的认识仍未达成共识。由于研究人员分别从过程（process）、产品（product）、人格（personality）和环境（press）等不同角度，对创造性思维进行了分析，因此，他们对如何定义创造性思维仍有争议。

不过，近来人们对这一问题的认识逐渐趋于一致：创造性思维是人的高级认知活动，是人产生新奇、独特、有价值的观点或创造出产品的能力，如发现新事物、创造新方法、解决新问题等（Kaufman & Sternberg，2010；Runco，2002；Sternberg & Lubart，1999）。

研究人员在回顾了近 50 年的众多研究后提出，创造性思维和产品的两个最典型的特征分别是新奇性和有效性，而这两项核心的评判标准也为多数研究人员所认同（Hennessey & Amabile，2010）。

测量创造力的工具各有不同，我们从中可以看出人们对创造力所作定义的差异。目前的创造力测验主要包括 3 个方面：人格倾向（Zack-Williams，1993）、认知能力和既有成就。基于人格倾向的测验表明，具有某些人格特质（如开放性）的人更具创造力。基于认知能力的测验（Torrance，1966；Guilford，1967b）表明，创造力是个人能力的结果。基于既有成就的测验表明："不管黑猫白猫，抓到老鼠就是好猫。"

目前，创造力研究主要从认知心理学、发展心理学、个体差异心理学、社会心理学和生理机制等方面展开。接下来，我们来具体进行探讨。

从认知心理学角度来看

关于创造力的认知心理学观点认为，创造是每个人都可能经历的基本认知加工过程，它关注的是人在创造性认知过程中的心理机制。研究人员最初关注的是创造过程中经历的不同认知加工阶段，而随着研究的深入，他们开始考察每个认知加工阶段的影响因素问题，如问题表征在问题发现和问题界定中的作用、不同认知策略在观念产生和评价过程中的作用、作为认知内容的知识在创造性认知过程中的作用等。

创造到底是领域一般性的认知过程，还是领域特殊性的认知过程？这一争论已持续了几十年。创造力研究专家迪安·西蒙顿（Dean Simonton）指出，这种争议很大程度上源于领域特殊性的支持者没有看到抽象水平上的创造力现象（Simonton，2011）。他认为，盲目变异和选择性保留理论（Blind Variation and Selective Retention，BVSR）能将领域一般性和领域特殊性问题整合在一起。该理论认为，创造过程要经历盲目变异过程、选择过程和保留过程这 3 个一般性过程：盲目变异过程是不断产生新奇、独特想法的过程，无论这种想法是否有价值；选择过程是对盲目变异过程中产生的各种新想法做出比较并进行选择；保留过程是将选出来的解决方法保存起来。

以上 3 个过程具有跨领域性质，创造者可以根据自己所在的领域或任务需求，对上述过程（尤其是选择过程）做出必要的调整，这种调整就属于领域特殊性问题。例如，我们在日常思维活动中常用的头脑风暴法，实际上就属于盲目变异和选择性保留的一部分。具体来说，每次的头脑风暴过程都包含构思和评估两个步骤，前者实际上是盲目变异的另一种说法，后者即选择性保留。进行头脑风暴时，我们实际上在进行一种快速的心理演进：我们首先会在脑海中随机产生某种想法，然后再通过评估模型对其合理与否进行测验。

　　基于认知能力的创造力测验一般包括对发散思维、聚合思维和问题解决能力的测验，其测量方法因创造力理论的不同而不同。与发散思维相关的托兰斯创造性思维测验（Torrance Test of Creative Thinking，TTCT）和 J.P. 吉尔福德（J.P. Guilford）的替代用途测验（Alternative Uses Test，AUT），是最常用的创造力测量工具。对于聚合思维能力，人们常采用萨尔诺夫·梅德尼克（Sarnof Mednick）的远距离联想测验（Remote Association Test，RAT）进行测量。

从发展心理学角度来看

　　罗纳德·巴格托（Ronald Beghetto）和詹姆斯·考夫曼（James Kaufman）提出了创造力"4C"模型，他们将创造力分为迷你创造力、日常创造力、专业创造力和杰出创造力。由于受社会文化因素的影响，这 4 种创造力的差异程度会逐渐加大；此外，年龄对这 4 种创造力的影响也存在差异。以下是一些有趣的相关问题。

　　第一，儿童的创造力更高吗？儿童的创造力主要体现在迷你创造力和日常创造力两方面，即聚焦于具体经验、事件和行为，对日常生活中的问题给予独特的个人解读，并提出新奇且有效的问题解决方法（Kaufman & Sternberg，2010）。而要创造出影响世界的、具有社会价值的成果，大都需要多年的学习和教育。事实上，多数行业都存在"1 万小时定律"

（Andreasen，2011）。

第二，40 岁以后，人的创造力会明显下降吗？目前人们普遍认为，不同领域的创造力受年龄影响的程度并不一致。**人在音乐、体育、艺术等方面的创造力一般在成年早期达到最高水平，与阅历、知识等有关的语言、哲学和科学等方面的创造力则可能会终生发展。**某些科学家在 40 岁以后的创造性成果会减少，主要原因可能在于其动机下降、资源减少，而与其创造性认知能力衰退的关系并不大。事实上，智慧成果的积累与财富积累相似，都存在马太效应，年轻有为的科学家在未来的表现可能更加优秀（Stroebe，2010）。

第三，为什么多数诺贝尔奖获得者的年龄都较大？1911—1920 年，诺贝尔奖获得者的平均年龄为 51 岁，而 2000—2013 年，这一数字变成了 65 岁。这足以回答"老年人是否仍有创造力"这个问题。当代科学跨领域、学科交叉的特征越来越明显，阅历对人的影响远超以往所有年代，重大创造性成果多数都会与"如这成果的意义一般深刻的皱纹"紧密相连。

从个体差异心理学角度来看

人们都想知道创造力天才具有哪些特征，为此，一些研究人员对少数天才或精英进行了研究。其他大部分研究探讨的仍然是普通人表现出的与创造力差异相关的各种人格特质和认知特征。以下是我们常听到的两个问题。

第一，存在最有创造力的人格特质吗？在人格方面，人们一般认为，高创造力者更可能拥有以下特质：开放性水平较高、充满好奇心、坚韧、自信、独立和爱冒险等，另外，他们也善于自我激励，因为他们做的很多事情不为世人理解，甚至不被认可。对于创造力，开放性是很重要的人格特质，乔纳森·普拉克（Jonathan A. Plucker）和罗纳德·巴格托甚至将开放性作为创造力的基础成分。

创造力实验室 ————————————————————————————

> 我团队的研究（Li et al., 2014）发现，高创造力者的大脑右侧后颞中回的灰质体积更大。通常来说，后颞中回对有关新异联结、概念整合以及隐喻理解的新奇性寻求过程起着重要作用。另外，除了开放性，外向性和尽责性等人格特质对创造力也都有促进作用。不过，只有开放性这一人格特质在后颞中回的灰质体积与创造力的关系中起着中介作用。
>
> 由此可见，早期的开放性人格特质培养，能通过促进人的新奇性寻求能力来激发其创造力潜能。

开放性的人格特质通常具有浪漫、多情、求异和好奇的特点，拥有这种人格特质的个体很少抱怨生活，即使处于低谷，他们也能找到充满希望的因素，以此鼓励自己继续用心生活。同时，他们也充满激情和想象力，乐于挑战权威，打破常规和传统观念。此外，他们往往不拘小节，在面对错误时也能一笑而过。

创造力实验室 ————————————————————

> 我团队的另一项研究（Tong et al., 2015）发现，与创造力密切相关的另一种人格特质——模糊容忍度与大脑背外侧前额叶的灰质体积呈正相关。模糊容忍度是人在学习过程中对模糊、不确定的事物的一种反应倾向和认知风格，是学习者人格特质的一种体现。也就是说，个体背外侧前额叶的灰质体积越大，其对复杂环境中新异刺激和不确定刺激的容忍程度就越高，在效果和前景模棱两可的情况下更愿意进行创造性探索。
>
> 因此，人格特质中的模糊容忍度与个体的创造性行为存在积极的正向关系，这一结论也得到了神经影像数据的支持。

通常，模糊容忍度高的人更愿意冒险，更容易接受变化和不确定因素。培养和提高个体的模糊容忍度，让个体从完全拒绝转变为乐意接受信息的模糊性、不确定性和不完整性，适应并接受模糊现象，而不是抵制它，这样个体才能更好地对模糊信息做出反应和判断，从而提高创造力。

以学校教育为例，教师可以将模糊容忍度作为衡量学生发展的重要指标。首先，教师需要具体地了解并客观地认识模糊容忍度的内涵，在提高自身模糊容忍度水平的基础上，可以通过模糊容忍度问卷来了解学生的模糊容忍度水平；其次，教师可以根据学生的个体差异制定针对性策略，因材施教，培养学生的忍耐力、灵活性及独立思考能力等。这样一来，学生在解决问题时就能保持开放性思维，且不受固有思维的束缚（李玉梅，2019）。

归根结底，创造需要在原有知识的基础上产生新想法或新观点。因此，我们应该始终保持学习的心态和模糊容忍度，并将表面看似不相关的事物保存在头脑中，也许在不经意的情况下，这些事物就可以给予我们灵感，帮助我们解决棘手的问题。也就是说，表面看似不相关的事物可能启发我们产生创造性观点。那么，如何把握这种启发并以此来实现创造呢？首先，要掌握问题的关键点，并把它长期储存在头脑中，然后孜孜不倦地追求解决方案；其次，在日常看书、参观、访谈或进行网络搜索时，要在问题关键点的指引下主动构建所面对的事物或信息，继而建构出有效信息，并排除干扰信息（Yang et al., 2022）。

目前，常用的创造力人格测量工具是威廉斯创造力倾向量表（Williams Creativity Tendency Scale，WCAT），研究人员通过让被试对自己的人格特质进行自评，来判断其"倾向于保守还是打破常规"的程度。

CREATIVITY

创造性成就的马太效应

世界上有两种人不惧怕失去：一种是有着所谓"光脚的不怕穿鞋的"心态的人，英语中也有类似的表达，即"nothing to lose，so nothing to fear"；另一种是手里握有足够丰富资源的人，一切损失对他们都构不成伤害。多数人都处于这二者之间。博弈研究发现，能使用双赢策略的人少之又少：可能是"幸运的傻瓜"，也可能是大智若愚的人。

人类的创造性行为也存在类似的现象。

对低创造力者来说，每个创意都来之不易。因此，创意越少，他们越怕失去，越可能藏着掖着，不愿与他人交流。但许多时候，他们自以为的"非凡想法"不过是早已实现或被证明不可行的"旧知识"而已。他们是"只缘身在此山中"，不断且徒劳地重复着前人已经做过无数遍的事。

相反，高创造力者更可能有成就动机及开放性人格特质，对他们来说，创造的意义在于创造本身，而不是为了获得名利，更不是为了与他人比较。这些人乐于第一时间向他人分享自己的发现，如阿基米德发现浮力的奥秘后大叫一声"Eureka！"（意为"我发现了！"），之后光着身子跑上大街向世人展示自己的发现；苏格拉底每天在街上为陌生的年轻人传道、授业、解惑，他从未想过"我不能让别人变得与我一样聪明"或"我应该让他们向我交钱"之类的事情。

实际上，这些向外界完全敞开自我的人在交流中会产生更多灵感；而且，别人也会认为他们"基本无害"，因此愿意与之分享自己的观点。结果，他们付出的越多，得到的回报越大，这就是创造力领域的马太效应。

第二，聪明人更有创造力吗？聪明与否是个体差异的重要组成部分，许多人会不分场合地使用"聪明"这个词，并将智力与创造力混为一谈，但二者并不能等同。有研究团队通过对高创造力人才与普通人的对比研究发现，对中等及以下智力水平的人来说，智力水平越高，其拥有高创造力的可能性越大；但人的智力水平一旦高于 116（大学生的平均水平），其智力水平与创造力就不再有关联了。

从社会心理学角度来看

有研究发现，"一个斑点大的蜜蜂的大脑只有 6 天的记忆，而整个蜂巢中的蜂群拥有的记忆时间是 90 天"（Kelly，1995）。每个人一生中记住的事物自然超过蜂巢中的蜂群，但仍有上限；而整个人类记住了几千年的事情，并由此推知了更久远的过去。

单只蚂蚁毫无思维可言，更谈不上有任何创造力，但亿万年来，蚁群在地球上却创造了数不清的奇迹。爱德华·威尔逊（Edward O.Wilson）[1]在 1975 年写了《社会生物学：新的综合》一书，他曾说："我不想研究进化的产品，比如爬藤、蚂蚁、蝴蝶，我想研究进化本身。"在许多新生代学者的眼中，进化就是创造，创造就是进化，而思维就是大脑内神经系统这一"丛林"的进化。

迪安·西蒙顿认为，我们应该主要从人际关系、团队、社会文化这 3 个层面关注创造力（Simonton，2012）。

人际关系层面关注的是作为独立个体的人与他人之间的关系。有研究发现，身为榜样时，人们更容易按规则行事（"别人学不会或不爱学就糟了"）；褪去榜样的光环后，人们可能更有创造力；在为自己做决策时，人们更保守（"万一失败，被别人瞧不起怎么办"）；在为他人做决策时，人们更有创造力（"反正最后受苦的不是我"）。

---

[1] 威尔逊是"社会生物学之父"，被誉为"当代达尔文"。威尔逊在《蚁丘》一书中，通过讲述一个男孩的成长故事，映射了他自己丰富的人生，给人以无限启迪。该书中文简体字版已由湛庐引进，浙江教育出版社出版。——编者注

团队层面主要关注的是团队规范、团队性质等因素对创造力的影响。例如，头脑风暴可以使团队成员的创造力水平得到提升；强调个体价值时，团队成员更容易产生新奇性想法；多样性有助于提升团队创造力，如性别多样性可能带来"男女搭配，干活不累"的积极结果，年龄多样性可以促进"老人带动新人""新人带来活力"等积极结果，价值观不同的人在碰撞中更容易产生创造力火花，学术背景有差异的团队更可能创造出与学科交叉有关的产品。

另外，人们一般认为，适度的压力有助于提升团队创造力（Anderson et al.，2004），而过高的压力可能导致团队成员注意力分散（Kristin，et al.，2010），使之过分关注工作和生活中的种种不适，无法聚焦于问题解决及目标实现，从而阻碍其创造力的发挥。

社会文化层面关注的是更宏观的时代精神或时代思想。

创造力实验室

研究人员（Myriam et al.，2010）发现，在个人主义文化中，新奇性更有价值，而在集体主义文化中，适应性和可行性更有价值。在不同的文化背景下，人们对创造力的理解也不一样。一些研究认为，信奉集体主义的儒家文化可能会扼杀人的创造力（Kyung，2010），但这可能与创造力的定义及测量方法有关，因为作为一项古老的文化，如果它不够包容、不够开放，很难想象它是如何传承下来的。

所有事物都存在优缺点，我们在承认个人主义文化优势的同时，要更多考虑融合、整合的问题，同时尝试用集体主义文化视角及个人主义文化视角来看问题，这么做也许会带给我们更多惊喜。

从生理机制角度来看

人们对创造力生理机制的研究主要集中在不同生理特征、激素等生化物质对创造力的影响等方面。以下是一些有趣的问题。

第一，某些人天生更有创造力吗？各类研究中常提到的与创造力有关的脑区包括额叶（控制）、顶叶（身体运动）、枕叶（视觉信息加工）、颞叶（言语、逻辑等）、海马（记忆力）等。

例如，大脑右侧前运动区的灰质体积越大，人的日常创造性活动就越多（Zhu et. al., 2016）；大脑背外侧前额叶与模糊容忍度有关（Tong et al., 2015），灰质体积越大的人对新异刺激更敏感，也更包容，且更愿意尝试创新。值得注意的是，拥有这些优势的人不一定是天才。

第二，高创造力者的大脑更灵活吗？在日常生活中，高创造力者看起来似乎"脑子更灵活"，他们能很容易地在远距离概念之间建立连接以及新奇而独特的语义联系，从而产生创新想法和新思路。我团队基于大样本脑影像数据库的研究发现，大脑默认网络的可变性及其与其他大脑网络（如腹侧注意网络和背侧注意网络等）连接的可变性均与个体的创造性思维有关。该研究从动态变化角度揭示了大脑特定功能网络的连接模式与创造力的关系，进而证明了高创造力者的大脑确实更灵活、易变，这为有效提升个体的创新思维能力提供了客观的脑功能特征指标。

第三，左利手的人更有创造力吗？有人对左利手、右利手、双利手 3 种利手性人群谁更有创造力进行了研究，目前的相关研究结果存在极大的不一致性，这暗示了利手性对创造力的影响可能微乎其微。

单利手是进化的结果。例如，当一个人遭遇意外袭击时，即使他仅仅多花半秒钟来想"这次用左手还是右手"，结果都可能导致性命危机。原则上，绝对双利手——左右手能力完全相同的人是不存在的，因为为了提高效率，人总会发展出在某一环境只使用某一只手的倾向。

第四，存在让人吃一颗就变成天才的药物吗？一些研究认为，多巴胺（Dietrich，2004）、性激素（沈汪兵等，2012）、催产素（De Dreu，Baas & Boot，2015）等神经递质，甚至咖啡、酒精等物质，可以从某些方面提升人的创造力，但问题在于，药物依赖带来的潜在危害远大于其益处。

有研究发现，饮用咖啡使人更兴奋的本质在于"透支未来的生理及认知资源"；过度饮酒则容易降低大脑的反应性，使人的思维能力下降，而大脑受损最严重的区域是负责认知监控的额叶。在一个人无法自控的情况下，其脑海中平时被压抑的思维会不经意地"跳跃"到意识之中并被捕捉，别人会觉得这个人"思维非常跳跃"，但这种思维的实用性并不高。

酒精可以提高人的创造力吗

科幻作家刘慈欣曾经讲过酒精与创造力的问题："喝完酒之后，我觉得想法多得不得了，也好得不得了，一晚能写好几千字。可第二天早上起来一看：'咳，这写的都是什么啊！'"从刘慈欣的这两句话中可以得知，酒精提高了他的思维流畅性，但对他的原创性等方面没有明显的贡献，这与目前的许多研究结果一致。

许多情况下，"诗仙"李白会被认为是"酒精提升创造力"的典型范例，但值得注意的是，李白至少是中产阶级出身，他的家庭教育较好，同时天资聪颖，4岁开始读书，14岁开始参与社会活动，而且他好剑术，可谓文武双全，17岁便开始游历四方。也就是说，李白是一个有钱有"闲"、有智力、有阅历的能力很强的人。所以，无论是否饮酒，李白都会表现出非凡的创造力。

从李白的个人发展来看，他的创造力成就不太可能是酒精带来的，更大的可能是：酒精使他沉迷于幻想的"自由"之中，并使他表现出一定程度的逃避倾向，导致他的政治理想被蒙上了过多不真实的浪漫主义色彩。因此，他的仕途难免不顺，而这种不顺进一步加剧了他的逃避倾向与酒精依赖，最终使他被人扣上了"孤傲"的帽子。

如何科学高效地提高创造力

从信息加工的角度来讲，学习本质上是从外界获取信息的过程。这里的信息是广义上的，既包括从"万卷书""万里路""阅人无数"中获得的信息，也包括通过视觉、听觉、嗅觉、味觉、触觉等感知觉获得的信息。创造则是信息输出。通俗点形容就是："吃喝"是输入，是学习；"拉撒"是输出，是创造。从生态系统的角度来讲，阳光和水是输入，生态多样性是输出，它是生态系统由无序向有序的变化。生态系统需要持续的阳光和水，人类则几乎需要每日饮食。

同理，人要想有持续的创造力，每日的学习必不可少。许多人说自己上大学之前写了许多小说，但后来一点儿创意都没有了。仔细询问这些人后会发现，他们失去创意往往与他们的成熟无关，原因在于他们的生活稳定了，对新鲜事物失去了兴趣，因此他们探索世界的行为减少了，社交圈子固化，同时对读书也失去了兴趣。

那么，该如何科学高效地提高自己的创造力呢？

广泛阅读

对多数智力正常的人来说，大脑中偶尔出现一些一闪而过的念头是很正常的事情，若能抓住这些念头，许多人都可以变得更有创造力。抓住灵感的方式其实很简单：手边常备纸笔，或用手机的备忘录记下来，而且只记录，不评价；每晚整理所有的灵感。如此一来，多数人都可以取得超出自己期望的创造性成就。

当我们在闲暇期间回顾自己的灵感时，往往会对自己曾经产生的新奇观念感到惊讶："哇！原来我可以想出这么多好玩又有趣的点子！"另外，人在记录自己灵感的同时也可以增加自信，而且它也可能成为自己以后生命中解决问题的魔法石。

CREATIVITY

创造性思维的灵感源于何处

高创造力者"玩坏"了《西游记》，但也令这部经典更加深入人心：他们从"可爱的猴子英雄故事"中调侃出《大话西游》和《悟空传》；从"齐天大圣旗"想到"揭竿而起"和黄巾起义；从"取经四人团"想到四色人格和管理之道；从女儿国之事联想到禁欲；从悟空变身后对九尾狐的一跪一叹讲到菩提老祖的真实身份……

钱锺书先生在《读〈伊索寓言〉》中曾调侃道："生前养不活自己的大作家，到了死后偏有一大批人靠他生活，譬如，写回忆、怀念文字的亲戚和朋友，写研究论文的批评家和学者。"换个角度来看，前人的文章其实是创造性思维的一个重要来源。多数推理小说家都没有真实的犯罪体验，却能写出令人毛骨悚然的故事情节；所有科幻小说家都不是乘时空机器穿越到今天的未来人，却能描绘出如幻似真的未来世界场景。虽说"读万卷书"与"行万里路"都非常重要，但前者显然更有效率，风险也更低。

有些人认为，批判性思维是人格特质的一部分，但几乎没人能脱离经验谈批判。例如，民国时期，留学归来的年轻人在经历了异国的文化冲击之后，对中国文化自然会产生批判性思考，这并不需要特定的人格特质；而在一夫多妻制社会中成长起来的人，也很少会觉得这种制度有任何需要批判之处。

既然博览群书的益处那么多，那我们该如何挑选要阅读的书呢？书并不是"非借不能读"的。在"书非借不能读"的时代，人们确实没有选择的余地——印刷成本太高，书很贵；即使不买书，抄书所用的笔墨纸砚也不是普通人可以随意消费得起的。

如今，情况已经大不一样了，单从社会心理的角度出发，市面上至少有 50 本不同作者写的《社会心理学》以及与之相关的几百本从各种角度写的书，如《社会性动物》《一九八四》《动物庄园》《路西法效应》等。这是一个"条条大路通罗马"的年代，我们可以随时更换家庭教师、换工作，也可以随时更换书刊，以便更好地获取自己所需的知识。因此，人应该阅读什么样的书并无定论。随着年龄的增长和阅历的丰富，我们的兴趣和阅读能力也会随之改变。与其总向他人讨要"书单"，不如自己多在阅读中探索，逐步构建自己的阅读世界。当然，一条放之四海而皆准的建议就是：大量阅读，终身学习。

那么，读多少书才算够呢？有位读者曾问我："您总说读书好，但我都读了几十本书了，并没感觉自己有什么变化啊！难道我没读对书？"

对此，我们可以用一则关于包子的小故事来解答：某人在一家早餐铺吃包子，他连续吃了 6 个都没吃饱。到第 7 个下肚，他才打了个饱嗝。于是，他便叹了口气："早知道吃第 7 个包子才能吃饱，我一开始直接吃它就好了，前 6 个真是浪费！"

许多急功近利的人确实是如故事中的这个人这样想的。其实，在这则小故事中，重点不在于这个人吃的是第几个包子，而在于他吃了多少个包子。

寻找内在动机

在《一个人的朝圣》这本书中，作者蕾秋·乔伊斯（Rachel Joyce）借某人物之口表达了普通人的无奈："我讨厌南布伦特，但我从来没有离开过这个地方。"当一个人过分关注令自己讨厌的事物时，他会忘记自己喜欢的事物。

爱吃的孩子会想尽一切办法获取美食资源，爱写作的作家为了"发泄"自己的思想，能想出无数种创造性方法，并为自己争取更多的写作时间。很多时候，人的内在动机与人的最大优点是相通的，比如凡·高"就是想画画"，贝多芬"就是想弹琴"，乔布斯说"活着就是为了改变世界"。

内在动机可以促使人敢于冒险并对事业永葆激情，它被罗伯特·斯滕伯格（Robert Sternberg）视为创造力最本质及最重要的来源（Sternberg，2003）。特蕾莎·阿马比尔（Teresa Amabile）则以实证研究证明，当人们将工作当成"饭碗"而不是爱好时，突然迸发出创造性潜能的可能性很低（Amabile，1983）。

创造力实验室 ————————————————————

> 有研究人员将创造力分为基础创造力与增值创造力。从这个意义上来说，虽然房子、车子、"票子"等外在动

机有时可以提高人的创造力表现（Eisenberger & Rhoades，2001），但这种创造力更多的只是增值创造力，只有内在动机才能带来真正具有革命性意义、与基础创造力相关的产品。比如，成就动机就是人追求自认为重要的、有价值的工作，并使之达到完美状态的一种动机。

张庆林教授团队的研究（Ming et al.，2016）发现，追求成就的测验分值与内侧前额叶皮层的局部灰质体积呈负相关。也就是说，如果一个人具有强烈的成就动机，那么他在创造性任务中更容易表现优秀。

2005 年，乔布斯在斯坦福大学演讲时曾说了下面这段话：

33 年中，我每天早晨都会对着镜子问自己："如果今天是我生命中的最后一天，我会不会做我今天原想做的事情呢？"当连续多天的答案是"不"时，我知道自己需要做出改变了。

"记住你即将死去"，是我听过的最重要的箴言，它帮我做出了生命中重要的选择。因为几乎所有的事情，包括他人的期盼、所有的骄傲、所有对难堪和失败的恐惧，这些在死亡面前都会消失，只有真正重要的东西才会留下。有时候，人会对自己将失去的东西念念不忘，而避免这一想法的最佳方法是，记住你即将死去。你已经一无所有了，你没有理由不跟着自己的感觉走。

如果某件事情可以让自己快乐，就算困难重重，人往往也会竭力争取并甘之如饴。与其执着地为了"负责"而痛苦坚持，不如纯粹地为了悦己而洒脱一生。正如乔布斯所说:"你只有相信自己所做的是伟大的工作,你才能怡然自得。如果你现在还没有找到,那么继续找,不要停下来!"其实,创造性成就很可能会在这条追寻之路上诞生。

做个体验主义者

凯文·凯利(Kevin Kelly)在《失控》一书中说:"无躯体则无意识……意识转移可以是绝妙的想法,也可以是糟糕的想法,但没有人认为那是错误的想法……假如你意图阻止意识的涌现,那么只管把它与躯体剥离开来。"我们需要通过身体来感知和理解世界,也需要通过身体来记住各种烦琐的动作。以走路为例,没有人天生会走路,在学会走路之前,人每走一步都需要思考。3岁之后,人在走路时不会再用大脑思考"现在该动左脚还是右脚"——是身体学会了走路,而不是大脑。

另外,我们也需要体验。我们的创造力水平与体验的丰富程度密切相关,就像大量的水流动会产生漩涡,而漩涡的"精彩"程度、复杂程度与水流量密切相关一样。如果一个人总是拒绝某些信息,不喜欢某些人和某些事,久而久之,他在思考时会变得狭隘,在面临相应问题时更容易变得手足无措,发挥创造力更是难上加难。

"体验"的字面意义是"用身体去检验"。感受自己的身体不仅是修身养性、与真实自我和谐共处的重要手段,也可以为思维及创造性行为创造更多资源。例如,真正的抽象从来都不存在,即使是"抽象"这个词,它也源于形象:从具体的形象中抽出骨架,抛开细节,便成了"抽象"。再比如,"血腥"这个词源于嗅觉信息,但现在已被应用到许多抽象场合中。

全色盲会思考"红配绿是美是丑"吗

对于"全色盲会思考'红配绿是美是丑'吗？"这个问题，很多人会不假思索地说："不会吧。"如果没有感性认识，他们最多只能在看完与色彩相关的物理学原理、生理心理学原理、美学原理等理论后，写几篇类似《时间简史》的科普作品或《宇宙过河卒》等带有玄幻特点的科幻作品，他们永远不可能真正给出"我感觉很美"或"我感觉并不美"的答案。

所以说，如果没有直接或间接的有意或无意的学习，思维不可能产生。比如，如果一个孩子戴着特殊眼镜或一直闭着眼不看世界，在一周岁前一直看不到任何颜色，那么，即使他完全没有色盲基因，一周岁之后，他也将成为后天型色弱，因为他大脑中的相关神经系统从未被使用过，在神经元修剪作用下，自然地，他的神经系统就不再拥有知觉颜色的功能了。

从更广泛的意义上来说，对日常世界的看、听、闻、尝（婴儿用嘴认识世界）等所有行为都是学习。主动学习可以让我们成长得更好。以计算机为例，在听说计算机这个概念前，没有人会想到"我要成为计算机之神"这件事，而要实现这一目标，第一步就是主动学习。

至少在一定程度上，阅尽繁华之前，没有人真的敢说"某某是我命中注定的最爱"。乔布斯说他的成功秘诀是："如果觉得还不够好，那就不断接触新鲜事物，不断尝试、不断放弃。"

一个人之所以会发生重大的改变，原因很可能在于他与和他不一样的人打了交道，知道了原来大家都不同，他因此反思、成长，并真正理解了没有"最佳选项"，只有"不同选项"。所以我认为，那些过于强调"某某事物对大脑更好"的理论很快会过时，因为无论人玩什么或学什么，都不能一直玩下去或学下去，而需要适当作出改变。就像只知道吃饭、睡觉、冥想的人是不会有创造力的，只会下棋的人也不会有创造力，只会玩计算机游戏的人同样不会有创造力。

但是，一直做自己"当前最喜欢的事情"的人，一旦因为某个因素对这件事感到腻烦，之后换了玩法，就很可能表现出极大的创造力。

不畏后果，大胆尝试

很多人都喜欢生活在舒适圈中，喜欢稳定的生活，恐惧未知。因为许多人都认为"好奇害死猫"，慢慢地，好奇心强的人也变成了循规蹈矩的"正常人"。于是，人们失去了好奇心，同时又坚信自己这样做是理性的、正确的、安全的。但事实上，如果不接触未知，不"跨界"，人几乎难以实现创新。现在，越来越多的科技创新都源于交叉学科，在某种意义上，这说明了"让自己更复杂一些"的重要性。

所有初中生都学过，在不受任何外力的情况下，物体会保持静止状态或匀速直线运动状态，但极少有人想过日常生活中的"匀速直线运动"问题。当一个人日复一日地做同一件事情时，从本质上来说，他已经进入一种"匀速直线运动"一般的无意识状态，就像酒驾或疲劳驾驶一样，驾驶员虽然手握方向盘，但如果有人问他"你刚才在想什么？"，他往往会吓一跳："刚才我的意识消失了！"

有句话叫"无巧不成书"，我们在读各种名人传记或看各种故事时，常会在书中看到"那件事情永远地改变了我"，这种"改变"本质上就是一种创造，而这种创造便是有意或无意地接触与以往不同的知识经验的结果。

有人说应该在"走着瞧"中创造，有人说应该等万事俱备后再"等东风"。事实上，"先学还是先做"是一个无法用先后来解答的问题。例如，如果不先学习前人的知识经验，不"站在巨人的肩膀上"行创造之事，那么，牛顿终其一生可能最多只能发现万有引力定律；如果他完全不尝试且总想着"等我学够了、准备充分了再去做"，那他最多是个书呆子。所以，人需要知行合一。

凯斯·索耶（Keith Sawyer）认为，有关创造力的争论主要集中在观点与行动上。我认为，"创造"本身是个动词，缺少执行过程的"创造"并不是真正的创造，空想家不会为世界创造任何有意义的价值，也不会被任何人铭记。从现实生活的角度出发，如果爱因斯坦不动手去做，只是空想，那么，没有人知道他是个高创造力人才。在创造过程中，创造者与作品在进行实时的互动——大脑影响人的行为，同时人的行为也会影响思维与大脑活动。

有时候，一个人最终完成的作品与其最初的想法可能没有任何关系。

所以，如果不动手去做，创意只是一堆无用的思维噪声而已。就像跑马拉松，谁都可以去跑，但真正的赢家永远是平日练习最多的那些人。正所谓"千里之行，始于足下"，先走起来，走着走着，人就有了灵感，继而就有了经验，也就有了更多对与"动动腿"有关的感悟。在《失控》一书中，凯文·凯利这样描述自己的写作过程：

> 所有创造物都是进化出来的。当我写下这些文字时，我不得不承认这一点。我在写这本书之初，脑子里并没有一个成型的句子，完全是随机选了一个"我被"的短语；接着下意识地对后面可能用到的一脑袋单词做了个快速评估。我选了一个感觉良好的"封闭"，接着，继续从 10 万个可能的单词中挑选下一个。每一个被选中的单词都"繁育"出可供下一代用的单词，直到我进化出差不多一个完整的句子来。在造句时，越往后，我的选择就越受到之前所选词的限制。所以说，学习可以帮助我们更快地"繁育"。

创造力实验室 ————

我团队的一项研究发现，个体的日常创造性活动越多，其大脑右侧前运动区的灰质体积越大。前运动区是负责高级运动计划的脑区，控制着新奇行为的产生和选择，对日常创造性活动至关重要。同时，该研究还发现，日常创造性活动越多，个体的创造性成就越高。也就是说，个

体的日常创造性能力对促进个体的创造性成就有着重要的
作用。

　　由此看来，在教育或培训过程中，应当鼓励个体多动
手、多玩耍，因为这些都是激发个体创造性潜能的有效
手段。

给自己留足"余闲"

　　以前乡下有一种流传甚广的抓野禽的方法：将一把粮食撒到空地上，再在中间粮食密度最大处高约 50 厘米的地方布置一张网（没有墙），几小时后，野鸡等野禽就会进入网中。虽然没有墙，但很多野禽仍然逃不出去。

　　为什么会这样呢？因为这些野禽在吃粮食时只知道跟着粮食走，一直低着头，边吃边向粮食更密集处走去，完全不理会周边环境，也完全看不到支网的棍子与前上方的网。野禽吃饱后，它们的正常反应都是向上飞，结果一飞，便会被网拦住。这时，它们会很紧张，便会挣扎，一挣扎，支网的棍子就会倒下，网会把它们压得更紧。于是，野禽逐渐崩溃，只能坐等农夫来抓。事实上，如果一群野禽一起把网顶起来逃跑是有可能成功的，但它们并没这样的觉悟。

　　有的时候，许多普通人与这些野禽并没有多大的差别。

　　陶渊明 600 多年前写下的一句"采菊东篱下，悠然见南山"成就了中

国广为流传的旅游广告；半仕半隐的王维成就了"诗中有画，画中有诗"的浪漫；100多年前，一个名叫亨利·戴维·梭罗（Henry David Thoreau）的人在一片森林中盖了间小木屋，过了两年真正的世外桃源生活，成全了一个名叫瓦尔登的湖。今天的人羡慕这些前人的潇洒，但并不愿意让自己真正地闲下来——忙，几乎成了一种现代病。多数人都说自己很忙，但一旦别人问他们到底在忙什么时，他们又很难给出令自己满意的答案。

在认为自己很忙时，人们更容易按照简单的方式思考并做低难度的重复之事，从而在无意识中"闭目塞听"，这会使人们的开放性大为降低，继而对人对事变得不再宽容。研究人员通过对老鼠进行的研究发现，越是焦虑的老鼠，越不愿意探索外面的世界或寻找美味的奶酪，它们更愿意将自己藏起来，以降低存在感或避免外在压力（Holland，2015）。结果，它们越是回避问题，"想吃奶酪又没得吃"的问题就越严重。

保证优质睡眠

睡眠剥夺可能会引起幻觉、妄想、注意力不集中及一系列生理机能问题，严重的睡眠剥夺与绝食一样，可能会致人死亡。在解决问题的过程中，如果遇到瓶颈，可以尝试打盹儿、做白日梦或干脆睡一觉，这些方式都可能会促使灵感更快地迸发。众所周知的一些经典事例，如F. A. 凯库勒（F. A. Kekule）发现苯环结构式（凯库勒梦到蛇咬自己的尾巴）、门捷列夫在梦中"发现"元素周期表等，都与做梦有关。"暮光之城"系列作品的作者斯蒂芬妮·梅尔（Stephanie Meyer）也曾说自己的创作灵感源于梦境。

人在入睡前及在迷迷糊糊的将醒状态时，大脑神经抑制功能可能最微弱，此时，人的思维活动不受限制，可以无拘无束地漫游和拓展，这有利于促进人的发散思维，而且人出现灵感的可能性也更大（Wieth & Zacks，2011）。为了更好地利用这些一闪而过的火花，在枕边放置纸笔并及时将其记录下来是个不错的方法。

来场白日梦

异想天开甚至喜欢做白日梦的人经常天真得令人厌烦，但不可否认的是，许多时候，他们确实会为死气沉沉的团队注入不竭的活力。

当人们过于认真时，大脑额叶会促使人们将注意力集中在一个点上，即所谓"当你手中拿着锤子，眼中的一切都是钉子"。此时，人们只能看到自己愿意看到的事情。在《看不见的大猩猩》①一书中，作者以生动活泼的言语解释了"聚焦"对人的思维及行为方式可能带来的负面影响。

从某种意义上来说，佛教经典中提倡的不执于一念可谓散焦思维方式的操作指南：坐下来，不特意想什么，只抓住当前的念头，顺其发展，不评判。**不评判是头脑风暴取得成功的重要前提，是心理咨询师的基本功，也是助益多数人灵感大爆发的基本诀窍。**从生理学角度来说，不评判是对大脑额叶功能的主动控制。当额叶"沉静"下来以后，与白日梦、自我内

---

① 在《看不见的大猩猩》一书中，两位权威心理学家克里斯托弗·查布里斯（Christopher Chabris）、丹尼尔·西蒙斯（Daniel Simons）以心理学史上最知名的实验之一——"看不见的大猩猩"为切入点，生动而幽默地揭示了生活中常见的 6 大错觉。该书告诉我们，你所见的、所记住的、所以为的、所知道的，也许全都不是真实的。该书中文简体字版已由湛庐引进，北京联合出版公司出版。——编者注

省等有关的默认网络中的信息会大量涌现，从而使人表现出不拘一格的思维模式。对一些修行者进行的研究显示，长时间的冥想训练可以使人的前额叶皮层变厚（自控力变强），也可以使连接左右脑半球的胼胝体厚度增加（左右脑半球的合作更好）（Kurth et al., 2014）。

创造力实验室 ———————————————

我团队的成员（Wei et al., 2014）发现了一种提高言语创造力的有效方法。他们发现，大脑内侧前额叶与颞中回的功能连接强度可以显著且正向地预测人的言语创造力；而且，持续的认知刺激干预训练既可以促进人的创造性行为表现，也能增强内侧前额叶和颞中回之间的功能连接。训练之后，低言语创造力者的创造力成绩提升更明显，这说明，认知刺激能提高人的言语创造力。

一系列研究表明：第一，人的创造力是可以进行有效的评估和预测的。在各领域的创新人才选拔上，心理学结合脑成像技术可能大有作为。第二，人的创造力在一定程度上是可以提高的，与此相关的大脑结构和大脑功能也是可塑的。后续研究将进一步探索提升青少年和企业研发人员创造力的有效策略和措施。

正如鲁迅先生所讲："世界上本没有路，走的人多了，也便成了路。"人的大脑并不是一块冰凉、坚硬的水晶，它时时都在被感觉经验塑造。从某种意义上说，大脑的确是"越用越灵"的造物。一个人只要觉得自己喜欢某事物，就应该去追求，比如，即使手指短，做不了钢琴家，至少还可以当作词者或音乐经纪人——不自我设限，路在脚下。

情绪的产生机制和功能性

通常，创造性成果可以简单地分为两种：一种是与情感无关的纯理性领域的科学技术创造发明，另一种是能引发人们情感共鸣的艺术作品。

当人们评价一首诗或一部小说非常棒时，往往会给出类似这样的理由：它体现出作者强烈的真实情感，能激起读者的情感共鸣，扣人心弦。2014 年起，风靡一时的诸多互联网脱口秀节目被称为极具创造力的综艺产品，这些节目最终筛选出高创造力选手的方式是"看观众心情"，虽然听起来荒唐，仔细一想却发现，这一举措非常理性：没有受众的艺术产品难以被传承，而让受众难以忘怀的，多是可以使人产生强烈情绪体验的作品。

情绪的产生与组成部分

情绪常被人提及，但人们对其并没有明确的定义，现在的心理学界也没有统一的关于情绪的定义。美国心理学家卡罗尔·伊泽德（Carroll Izard）认为，情绪是人类适应环境的结果，是人格系统中作为核心动力的重要组成部分，由神经生理、神经肌肉的表情行为及情感体验等 3 个子系统组成（Izard，1991）。机能主义者认为，情绪是体现个体与环境意义事件之间关系的心理现象（Campos，1983），他们强调愿望和需要的重要性；哈佛大学的心理学博士克劳斯·谢勒（Klaus Scherer）认为，情绪是由认知评估、生理反应、表情反应、行为倾向和主观体验等 5 种基本元素组成的，这 5 种基本元素在情绪过程中互相协调、共同发挥作用（Scherer，2005）。

从测量方法的差异上，我们能看出人们对情绪定义的差异。目前，常用的情绪形容词检核表（MAACL）重点关注的是人的主观感受，该量表分为焦虑、抑郁、敌意、烦躁不安、积极情绪、感觉寻求以及积极情绪和感觉寻求等 7 个部分。玛格丽特·M. 布拉德利（Margaret M. Bradley）和彼得·J. 朗（Peter J. Lang）的非言语测量工具"自我评价模型"（Self-Assessment Manikin，SAM）由唤醒度、优势度、效价等 3 个维度组成，每个维度中均有 5 个按顺序排列的卡通形象，被试需要在每一题中选择一个适合自己的卡通形象。记录人体各项生理指标的生理多导仪重点记录被试观看 6 种基本情绪的刺激材料时的皮肤电导、心率、脉搏、心电、呼吸、面部肌电和额叶脑电信号等生理方面的变化（温万惠等，2011）。

另有研究开始关注表情、肢体动作等行为指标（Merkx，2007）。从整体上来看，目前所有的测量方法都存在不足之处，仍需要进一步完善。相信后来者在整合前人成果后，能创造出更客观、更易操作的测量工具。

情绪的 4 大重要功能

当人们谈到"为什么需要某物"时，本质上都会提及此物的用途问题。谈到情绪时也一样，情绪的功能主要包括适应、动机、信号与组织 4 个方面。接下来，我们一一进行探讨。

适应功能

可以说，情绪促进了人类的生存。从人类的情绪多样性高于其他灵长类动物的事实来看，我们可以肯定，曾经存在过情绪欠丰富的人类，这些人类未能在生存环境残酷的丛林中立稳脚跟。**人类能在变化的环境中适应并生存下来，情绪所起的作用不容忽视。**

例如，如果没有与青睐的异性相处的愉悦，人类可能失去对生殖的兴趣，从而使人口迅速减少，面临灭种之灾。如果没有对世道不公的愤怒，人们可能会活在如乔治·奥威尔在《一九八四》中描述的世界中不再醒来，人类社会将不再进步，人类最终会失去抵御天灾的能力。如果没有轻度抑郁或不安情绪降低孕妇的安全感，可能会有更多胎儿因意外而流产。如果没有对逝者的哀思，人们很难思考生命的意义。如果没有对死亡的恐惧，没有因紧张或害怕带来的肾上腺素激活，可能很多人会沉迷于危险游戏而丧失性命。即使嫉妒这样的消极情绪也有积极作用：表达嫉妒，一方面可以使嫉妒者关心的对象知晓前者的心意；另一方面也可以促使嫉妒者更加关注自我提升，从而强化情感联系。

动机功能

有心理学家认为，情绪具有动机的性质（Izard，1977），它可以刺激和调节人的行为和活动。人们通常会将情绪分为积极情绪和消极情绪，并认为积极情绪会提高人活动的积极性，消极情绪则会降低人活动的积极性。当然，这只是从一般意义上而言。实际上，情绪对人的动机作用存在个体差异，会受到多方面因素的影响。例如，有些消极情绪也会提高人活动的积极性，如俗话所说的"化悲愤为力量"。

信号功能

在人际交往中，情绪充当着信号、沟通桥梁的角色，人们可以通过情绪来表达自己的愿望和思想。这一功能一般是通过表情这种外部表现来实现的，包括面部表情、肢体言语和语调等。典型的例子就是婴儿和成人的沟通方式，婴儿通过笑或拍手来表达高兴和愉快，通过哭或皱眉等来表达自己的需求或感觉，如饿了、渴了或不舒服等。

组织功能

作为人格系统的一个组成部分，情绪是一种独立的心理过程（Izard，1977），它是大脑自带的检测系统，对其他心理活动具有组织作用（Cicchetti & Sroufe，1976），具体表现包括定向注意、促进问题解决、增强人际关系等。通常，积极情绪会带来身心及人际关系的协调，消极情绪则会导致人际关系的破坏与瓦解。情绪调节为发展心理学家广泛关注，因其对人的成长具有重要的整合作用（Cole，Martin & Dennis，2004）。

被低估的消极情绪的力量

很多人都喜欢归类，因为归类会让事情变得简单。对待情绪也一样，人们习惯性地认为高兴、愉悦、满足是积极情绪，认为悲伤、忧虑、愤怒是消极情绪。但事实上，积极情绪未必会带来积极结果，而消极情绪之所以被进化选择，是因为它们提高了人类的生活质量及生存概率。举例来说，如果不是因为讨厌风雨，人们就不会创造出各式房屋及建筑艺术。

许多励志文章都会提到不抱怨，仿佛不抱怨、不憎恨才称得上是好性格。不抱怨的人真的完美吗？事实上，这样的"老好人"可能会做出最极端的事情，如阿加莎·克里斯蒂在《空幻之屋》中塑造的几十年战战兢兢的格尔达·克里斯托，以及在《无人生还》中塑造的仁慈至极的法官。他们也可能会将心理的不满以心理疾病或器质性疾病的形式表现出来，如罗伯特·林达（Robert Lindner）在《卡夫卡的妄想》中塑造的认为自己可以穿越时空的精神分裂患者，以及毕淑敏在《女心理师》中塑造的为了获得对丈夫的控制而不惜自残的妻子。

此外，心理学研究也进一步验证了不抱怨与心理疾病存在关联。

创造力实验室 ————————————————————————————

> 复旦大学冯建峰教授的团队对比了健康者和抑郁患者（15 名首发患者和 24 名复发患者）的大脑功能网络，结果发现，二者最显著的差异是，抑郁患者大脑中的"憎恨回路"（hate circuit）消失了。这里所说的"消失"是指不同脑区之间的耦合（coupling）消失了，也就是说，脑区之间的协同和沟通出了问题。
>
> 研究人员认为，这种耦合的消失可能反映了个体对自己和对他人消极情绪的认知控制能力出了问题（Tao et al., 2013）。

因此，我们不应该一味地压制与回避消极情绪，应该把它当作进化送给我们的宝贵礼物，不要视之为洪水猛兽，更不要白白浪费它。在很多情况下，我们都可以把它当作规避风险的信号以及探索全新可能性的契机，让它帮助我们把生活变得更好。

如何成为情绪管理大师

现实生活中，虽然我们期望能时时控制好自己的情绪，但心理学家在实验室中也需要诱发被试的情绪，以深入理解这些情绪与相应行为体现的思维特征。

借助镜子提高自我意识

我们看到、听到、闻到的自己，与他人看到、听到、闻到的并不一样。例如，我们平时在镜子中看到的自己与别人看到的是左右相反的；我们都觉得自己的录音很奇怪，因为我们平时听到的自己的声音大部分是由颅骨传播的；我们因为适应而闻不到自己身体的味道，别人却能闻到……如果我们能即时地知道别人眼中的自己是什么样子，或许我们可以更了解自己。

　　有一种人被戏称为"手电筒"，这种人"照人不照己"。正常情况下，我们不仅看不到别人眼中的自己，也根本看不到自己的表情。此时，如果有一面镜子，就可以起到非常大的作用。**许多研究发现，照镜子可以提高人的自我意识，包括对自己行为和思维的觉察与控制，从而做对自己更负责的事情等。**比如，许多漫画家都会在桌前摆一面镜子，每每需要为人物创造表情时，他们就先研究自己做出的夸张表情。久而久之，他们自己的面部表情也变得更加丰富。许多销售人员会在工位上放置一面镜子，以提醒自己要时时保持微笑；"成功学家"也会告诉人们："出门前一定要照镜子，要对镜子中的自己大声说'我最棒！'，让自己一整天都激情满满。"

　　所以，不要怕别人说你自恋，现在就在面前摆一面合适的镜子吧。观察自己的各种面部表情，体会每种表情下自己的心理感受以及想到的事情；接着，强化这种感受，并做出更夸张的表情，进一步深入体会……慢慢地，你的情绪觉察与控制能力会在不知不觉中得到提升。至少，经常对着镜子傻笑，你可能会变成一个更开朗的人。许多实验一致证明，就像"若能装一辈子君子，人便足以配得上君子之名"一样，假笑久了，人也会自然地产生愉悦的感觉（Strack et al., 1988）。

CREATIVITY

爱笑的人，运气真的不会太差吗

　　试试做装笑或装皱眉这两种动作，然后看几段视频，你可能会发现自己的笑点有了变化。研究人员（Strack et al., 1988）做了这个实验，结果发现，表情确实会影响人的笑点。

如果有朋友一直认为你讲的笑话很好笑，你会有什么感觉？事实上，你会更喜欢这个人，因为人们都喜欢"对我好"的人。比如许多看似浪漫的一见钟情——许多女性或男性对所有人都表现出友好，这种行为习惯会使一些异性产生"她（他）好像喜欢我"的错觉，因为他们察觉到了"可能性"，于是对对方的关注也会增多。结果，这些人仅仅因为"对所有人都微笑"而成为大众心目中的"女神"或"男神"，而他们并不一定真的长得多么完美——是他们的笑容使别人产生了他们很美好的感觉。

利用多种刺激源诱发情绪

开心时，许多人喜欢听欢乐的音乐来让自己更开心；悲伤时，人们则抱着纸巾、看着悲情的影视剧来掩饰自己泪流满面的真实处境。当然，也有人相反，他们会在开心时看悲情的影视剧，让自己在开心时体会悲伤；失落时，听 Beyond 乐队的《海阔天空》等歌曲或乔布斯等人的演说，让自己找到力量。

我们平时路过西饼屋时常常迈不动步子，这便是商家创造性地使用"嗅觉营销"的结果。这种创造性营销不仅出现在美食领域，也出现在服装、交通、影视、金融等各领域，甚至有人提出，要推出符合某一国家或地区的气味，以促进当地旅游业的发展——欢迎进入"清醒催眠师"的世界。

从简单到复杂，我们需要进行整合。复杂总能带来许多惊喜，刺激材料也一样。例如，利用视频，同时通过视觉与听觉双通道来诱发情绪体验更有效，这也是目前最常见的多通道刺激材料。研究人员（Eldar et al.，2007）让被试在观看中性情绪的视频的同时听令人愉悦或令人恐惧的背景音乐，结果发现，被试大脑中的杏仁核和腹外侧前额叶皮层等区域出现了激活现象，而这两个脑区对情绪调节至关重要。

综艺节目常常会设计加入一种百试不爽的"老梗"，就是让舞台上的人回忆过往，并要求他们说到开心的事情时要大笑到失态，而说到幼年辛酸或初恋苦楚时要泪眼婆娑……电影再感人，那也是别人的故事，而回忆自己的过往所激发的情绪才情深意切。在实验室中，研究人员常常摘取被试的日记片段，并要求被试叙述曾经发生过的某次情绪性事件，以此来诱发被试的情绪。此外，还有一种较为复杂的方法：研究人员先让被试填写开放式问卷或进行访谈，收集对被试影响最大的事件，然后将其整理成文字或声音材料，最后向被试呈现这些材料。

所以，试着将每天让你最快乐、最不爽、最悲伤、最恐惧或最厌恶的事情都写下来吧，并用不同的彩笔画出不同的背景色。在需要某种情绪时，你就可以翻阅与这种情绪相关的生命片段。

通过科技手段探索情绪

随着科学技术的不断发展，研究人员不仅可以利用相关技术更准确地探测和识别情绪，还能在必要的情况下诱发所需的情绪，以下这个实验就是一个典型代表。

创造力实验室 ───────────────────────────────

　　研究人员（Merkx et al.，2007）曾在实验中使用第一人称射击游戏①《虚幻竞技场》（*Unreal Tournament*）作为对被试的情绪诱发手段，结果发现，该游戏能诱发被试产生一系列不同强度和不同类型的情绪。

　　此外，由于被试将注意力集中在游戏上而忽略了外界环境，因此该诱发手段能诱发被试表现出相对自然的情绪状态，从而提高了实验室情绪诱发的可靠性。而且在游戏过程中，被试往往会情不自禁地展现出大量的表情、声音、肢体动作，以表达自身的情绪状态。研究人员通过对被试进行录像记录和分析，为情绪的相关研究提供了很有价值的素材。

　　这种情境诱发法比材料诱发法更加真实，可以提高研究结果的效度。不过，该方法对实验设计、额外变量控制等都有相当严格的要求，因此操作起来很难。由于个体差异是永恒存在的，因此任何方法都不完美，但都可以拿来酌情尝试。有相关研究发现，利用音乐、电影和想象来进行情境诱发，可以达到 75% 的成功率，可以说是一种理想的情绪诱发法（Martin，1990）。

　　如果你只关注如何让自己成为情绪大师，那么你就把所有方法都试一

───────────────

① 英文写作 first-person shooting game，简称 FPS，是以玩家的主观视角进行的射击游戏，有很强的主动性和真实感。——编者注

遍；如果你有兴趣从心理学家的角度做实验，你需要根据研究的目标、设计以及实际条件等来选择最终的方法。因为暂时没有完美的方法，所以当你把各种方法全都试遍后，你还可以尝试研究成功率更高的方法。

测验：创造力自评量表

评分规则：10分制。1分，不擅长；10分，擅长。从1分到10分，程度依次递增。最后，将所有分数加起来并求平均分。平均分越高，说明你的创造力越高。

和他人相比，你更擅长：

1. 科学发明创造，如化学、生命科学和物理学等领域的发明创造；
2. 社会性创作，如解决个人问题、与朋友或家人沟通交流以及人事管理等；
3. 视觉艺术创作，如工艺品设计、室内设计和时装设计等；
4. 言语艺术创作，如小说创作、非虚构类作品创作和诗歌创作等；
5. 运动领域的创作，如体育表演和运动方面的策略设计等。

第 2 章

情绪如何
影响我们的创造力

艺术家就像一个装满情感的容器，这些情感可能来自天空，来自大地，来自一片纸屑、一抹人影甚至一张蜘蛛网。

——巴勃罗·毕加索

∞ 一旦人们意识到自己执行的创造性任务与某种情绪诱导之间存在关联，那么其创造力在该情绪的影响下就会被削弱。

∞ 积极情绪有助于应对需要整合大量不同认知资源的任务，消极情绪有助于应对需要最佳解决方法的任务。

∞ 适当的焦虑有助于员工集中注意力，从而促使其取得创造性绩效。

大卫·休谟曾说:"理性是激情的奴隶。"在许多哲学家及艺术家的眼中,爱是一切创造力的源泉,而爱和激情等既受情绪的影响,反过来又会影响情绪。在本章中,我们将理一理情绪和创造力之间"剪不断,理还乱"的千千结。

积极情绪比消极情绪更好吗

创造力的重点是出人意料:一方面,一个人的行为或思维要与他人不一样;另一方面,一个人的行为或思维也要与自己的默认模式不一样。

举例来说,在人人都很焦虑的环境中,懂得停下来享受生活的人可能会表现出更大的创造力,因为他们更有可能看到别人看不到的别样风景;而在人人都在享受慢节奏的环境中,有强烈忧患意识的人可能显得极为与众不同。对一个总是笑呵呵的人来说,偶尔哭一下可能有助于他迸发出灵感;而对一个整天苦着脸的人来说,笑一笑可能帮助他创作出不朽的诗篇。

所以，重点不是哪种情绪模式更好，而是要打破惯常模式。接下来，我们从不同的角度来探讨情绪模式问题。

关注点比愉悦度更重要

人类文明的进化过程充满了"苦难"。至今，仍有许多家长在子女教育问题上纠结：孩子该穷养还是该富养？他们担心孩子在溺爱的环境中迷失方向、迷失自我，无法成为栋梁之材。

事实上，溺爱与富养并不存在必然的联系，被家长溺爱的孩子未必快乐。以高尔顿为首的研究创造力人才的科学家用事实证明：在物质及教育条件良好的家庭中成长的孩子更容易快乐，同时他们也更有可能成为高创造力人才。接下来，我们探讨几种理论。

认知修正理论

快乐好还是悲伤好？很多人都喜欢皆大欢喜的故事，认为"积极情绪有助于创造力的提升"（Davis，2009；胡卫平，王兴起，2010），这种观点似乎很符合大众的普遍认知。

研究人员（Amabile et al.，2005）认为，受消极情绪影响的员工容易为情绪所累，他们倾向于先努力解决情绪问题，而不愿或没有更多的精力投入工作中；此外，他们对外界事物的探索也会减少，且更倾向于使用惯常的方法来解决问题。

创造力实验室 ───────────────────────────────────

> 爱丽丝·伊森（Alice M. Isen）等人提出的"认知修正理论"认为，人在心情不错时可能更愿意关注事物的不同特性，从而发现更多组合、连接的可能性，且表现得更加开放、更加包容。例如，即使是神学院的学生，当缺少时间时，他们的利他行为也会减少（Darley & Batson，1973）；而在现实生活中，为钱所累的人更喜欢以道德"绑架"名人为他人捐款，他们自己却一毛不拔，他们也不可能创造性地思考"我怎样才能挣更多的钱来帮助他人"这个问题。
>
> 但理论终归是理论，许多时候，在实验室得出的结论较难适用于实际生活。例如，研究人员发现，一旦人们意识到自己执行的创造性任务与某种情绪诱导之间存在关联，那么其创造力在该情绪的影响下就会被削弱（Hirt et al., 2008）。

通常，人的思维与行动都会受到心理暗示的影响。有时候，心理暗示是一种"美好的谎言"，如众所周知的皮格马利翁效应。例如，当某个学生被老师称赞很聪明（事实上他资质一般）时，在不知情的情况下，他会相信老师说的话，然后可能更加努力，之后会有更好的表现；但如果他知道这是一种心理暗示，即自己资质一般，那么，他很可能就不会有很好的表现了。所以，如果管理者、教师或家长想要通过积极情绪诱导员工、学生或孩子更好地执行创造性任务，那最好不要让他们知道任务背后的难度。

动机修正理论及心境修复理论

《孟子》中所说的"天将降大任于是人也……"是怎么回事呢？动机修正理论认为，处于积极情绪状态时，人们倾向于认为情境是稳定的，容易将自己想到的第一个且令自己感到满意的方法作为解题答案。事实上，人们会选第一个方法是因为人们心情好，容易满足，所以不愿意"想太多"。而处于消极情绪状态时，人们倾向于认为情境是不稳定的，且认为过于随便地应对问题存在风险，因此会多想一些，并会努力寻找最佳解决策略（Kaufmann & Vosburg，1997；Martin & Stoner，1996）。

与之类似，安德烈娅·埃伯利（Andrea Abele）等人提出的心境修复理论认为，人在心情不好时需要想办法抑制消极情绪继续发展，这种问题解决的过程本质上就是一种创造；而当人处于积极情绪状态时，如高兴、幸福、安宁、放松等，会感觉一切圆满，因此缺少创造的动机。

阿诺德·路德维希（Arnold Ludwig）对 20 世纪不同领域的 1 005 名杰出人物进行了研究，结果发现，抑郁和创造性成就存在很大的关系。也有研究发现，工作满意度低导致员工出现的消极情绪可能会让他们在职场上表现出高创造力（George & Zhou，2002）。**还有研究人员发现，适当的焦虑可能有助于员工集中注意力，从而促使其取得创造性绩效。**

在艺术创作领域，当人们处于消极情绪状态时，更有可能产生创意（Szymanski & Repetto，2000），如凡·高的油画名作及爱伦·坡的恐怖小说、悬疑小说等都是消极情绪的成果。此外，经常出现负面想法的人有更强的发现问题的能力（Mraz & Runco，1994）。

创造力实验室 ——————————————

> 研究人员认为，人只要有了情绪，无论好坏，都会使其思维更发散（Kaufmann，2003；Adaman & Blaney，1995）。更进一步的研究表明，积极情绪可以促使人们将问题解读为机遇，人们会主动敞开心扉、大开脑洞、发散思维；消极情绪则可以使人们在后期对方案进行评估，人们会对前期产生的不实用或不深刻的设想心生不满，最终使得设想在新奇及适用方面得到平衡，继而产生最优解。
>
> 一些研究人员提出了创造变化性情绪氛围以使创造性绩效最大化的管理方法：在问题解决初期，努力创造积极、宽松的氛围，以促进发散思维的产生；到后期，适当地施加压力、进行批评并表达不满，以促进聚合思维及更具实用性方案的形成（Kaufmann & Vosburg，2002）。

认知资源理论

以上几种理论只能解释人在某些状态下的问题，但因为相互存在矛盾，所以它们对真实情境的预测能力其实较为有限，而解决矛盾的最佳方法是包容与整合。为此，心理学家迈克尔·巴史克（Michael Basch）提出了认知资源理论。

巴史克认为，人的认知资源是有限的，在思维活动和情感活动竞争认知资源的过程中，认知资源会优先处理人产生的消极情绪。当产生消极情绪时，人除了需要调用认知资源来从事当前的创造性活动，还需要动用一部分认知资源来抑制消极情绪的继续发展，于是人在进行创造性活动时，其创造性成果就会受到影响。所以，巴史克认为，消极情绪会对创造性活动起到阻碍作用。在此基础之上，侯然在 2009 年进行了进一步的研究，结果发现，情绪对创造力的影响会受到任务难度的调节，如过分沉浸在欢乐的情绪中也会占用认知资源。所以，重点在于"你的注意力在哪里"，而不在于"你开不开心"。

唤醒度决定当前创造力的高低

情绪一般由主观体验、外部表现和生理唤醒 3 部分组成。从生理唤醒度，即情绪在多大程度上被激活的角度来说，情绪可以分为钝化情绪和激活情绪。钝化情绪包括抑郁、悲伤、平静等，激活情绪包括愤怒、高兴、恐惧等（Izard，1977）。

生理唤醒度低和不作为、回避、忽视信息、认知水平低等因素有关。一般情况下，一个人的生理唤醒度越高，其认知加工水平就越高，思考的策略也就更丰富、更具概括性、更灵活，且其持久性和持续性也越强

（Brehm，1999；Carver & Scheier，2004）。众所周知，要使自己的想法变成产品，持久性和持续性是非常重要的。

中国有句老话叫"物极必反"，可见一个人太兴奋也不是好事。**研究人员发现，生理唤醒度过高时，人对外物的感知觉能力、对信息的加工及评估能力都会下降，因此会做出更本能的反应而非创造性反应。**虽然有研究显示，高激活水平对创造力具有促进作用（Zenasni & Lubart，2011），但实际状况可能仍然呈"∩"形曲线，即太平静或太兴奋都不好。

另外，情绪的生理唤醒还会促进体内某些有趣且有用的化学物质的释放，这里的"有用"包括提高记忆力、理解力、思考及计划能力等（Baddeley，2000；Flaherty，2005；Goldman-Rakic，1996；Usher et al.，1999）。例如，适量的多巴胺可以提高人的记忆力与任务切换能力，去甲肾上腺素可以增强前额叶皮层的活动，从而提高人的行为控制能力与短时记忆能力（De Dreu et al.，2008）。简而言之，与创造力有关的能力得到加强后，人创造出奇迹的可能性就会提高。

调节定向理论

调节定向理论又称调节聚焦理论，它关注的是人的动机与决策（Higgins，1997），探讨的是人为了定向目标而调节理想和行为的过程。如果一个人当前关注的是理想自我和真实自我之间的差距，即渴望满足成长需要，那么他就处于促进定向模式；如果一个人当前关注的是责任自我和真实自我之间的差距，即渴望满足安全需要，那么他就处于预防定向模式。不同的调节定向模式对人的创造力的影响程度有所不同，接下来，我们详细讨论一下。

三重自我

心理学家爱德华·托里·希金斯（Edward Tory Higgins）将自我划分为 3 个基本方面：真实自我、理想自我和责任自我。

真实自我很容易理解，即人认为自己实际拥有的品质。

理想自我是一种"我想要"的模式，此时，人会以"我"为中心，积极争取自己所想，且可能会为了理想而冒险。比如，一个非常想吃巧克力的孩子可能会想出许多极富创造力的方法来获得巧克力，即使他的父母把巧克力放在架子高处且上了锁，他也会想方设法、克服种种困难去达成目标。

责任自我是一种"我应该"的模式，此时，人会为了他人的评价和指责而活，内部动力容易不足，害怕冒险，偏好"安全为上"。比如，典型的"找个稳定工作""你应该在 30 岁之前组建自己的家庭"等观念，这些都会使人无法关注自己的真实感受，离"我"越来越远。

促进定向与预防定向

促进定向会使人关注"我想要"：成功后，人会感觉愉快；失败后，人会感觉沮丧。预防定向会使人关注"我应该"和"我不要"：成功时，人不会有特别的感觉，只是平静地觉得理所应当；失败时，人会焦虑，主要与惧怕随之而来的他人的指责有关（Gendolla & Brinkmann，2005），具体见图 2-1。

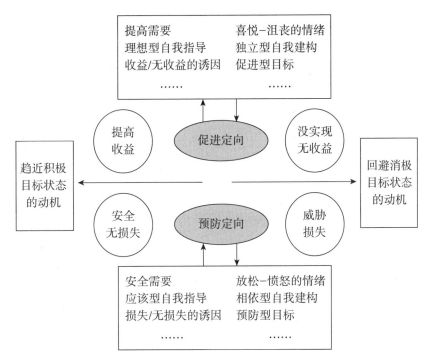

图 2-1　促进定向、预防定向的启动因素及其与趋近动机、回避动机的关系
资料来源：姚琦 & 乐国安，2009。

此外，调节定向还可分为特质性定向和状态性定向。特质性定向体现了人的一贯特质，可以通过心理测量来展现个体间的差异；状态性定向主要与情境有关。对特质性促进定向的人来说，无论在哪种情境下，他们都更关注"我想要"；而特质性预防定向的人可能只会在某些情境下关注"我

想要"。在与他人认真讨论自己的愿望和目标时，人们更容易进入促进定向模式；在与他人谈论义务和责任时，人们更容易进入预防定向模式。

"追求""成功""收获"等词可以诱导人进入促进定向模式，"回避""预防""错误"等词语则可以诱导人进入预防定向模式（Wilson & Ross，2000；Lockwood et al.，2002）。通过让人写支持"生活中的成功来自行动而非无行动"或写关于成就和能力提高的短文，可以启动人的促进定向模式；通过让人写支持"预防是最好的治疗方式"或写有关安全和谨慎的短文，可以启动人的预防定向模式（Dholakia et al.，2006）。

创造力实验室 ————————————————

研究人员（Friedman & Förster，2000）发现，促进定向对发散思维和顿悟具有推动作用，因为与预防定向相比，促进定向更有利于人对新奇反应进行记忆搜索。在促进定向模式下，人们会以目标为导向，积极运用各种富有创造力的方法来解决问题。

比如，对一个想做手工的孩子来说，即便组件欠缺，他也会运用自己的智慧，仔细观察周围各种原本在他看来不起眼的物件，某一瞬间，他会突然顿悟，最终做出自己喜欢的手工制品。

研究人员进一步发现，高激活水平结合预防定向的情绪（如回避）对创造力有阻碍作用，高激活水平结合促进定向的情绪（如收获）则对创造力有促进作用。而在低激活水平的情绪下，无论促进定向还是预防定向，对创造力水平都无明显影响，因为它没有达到影响创造力水平的情绪阈值。

比如，对于考试中的加分题，学生一般需要发挥自身创造力，单靠记忆是行不通的。如果某个学生面对加分题时高度回避、恐惧，那么他在解决此类问题时的创造力表现无疑是较差的，因为他的畏惧情绪会使其专注力与思维聚焦性进一步减弱；而如果他勇于尝试，渴望通过解答加分题证明自己，那么他的创造性思维就会更加活跃。

其他一些研究（Baas et al., 2008）发现，只有当目标达成以后，在情绪激活水平较低时，促进定向才比预防定向更有优势；而当目标未达成时，预防定向和促进定向的激活水平未表现出差异，且促进定向的优势效应不复存在。

比如，一个学生的目标是在第二天上课前完成作业，在这种状态下，只有完成作业，他心中的"大石"才会落地。在平和状态下，促进定向有利于提升他的专注力，他可以更好地发散思维，更有可能解决创造性问题；而在忧心忡忡的状态下，他无法专注于创造性问题的解决上。此时，对于创造性问题的解决，促进定向和预防定向并没有差异。

由以上可知，管理者、教师或家长要求员工、学生或孩子创造性地解决问题时，最好让他们在这之前完成必要的目标事件，这样能进一步为他们发挥自身创造力提供可能。

创造力实验室 ———————————————————

新近研究（Wang et al., 2021; 2023）基于情绪的动机维度模型 (Motivational Dimension Model of Affect)，以创造性认知加工的两个关键子过程——创造性观点产生和创造性观点评价为线索，采用功能性近红外光谱脑成像技术考察了情绪的动机维度影响创造性思维的认知神经机制。结果发现，在创造性观点的产生阶段，处于低趋近动机积极情绪状态下的个体在灵活性和独特性方面表现更好，处于低回避动机消极情绪状态下的个体在发散思维流畅性方面表现更好；在创造性观点评价阶段，处于低趋近动机积极情绪状态下的个体敏感性最低，而在不同回避动机强度的消极情绪状态下，个体在行为和大脑激活模式上并无显著差异。

这表明，情绪的动机强度调节了积极情绪和消极情绪对创造性认知加工过程的影响，而额叶和颞叶区域的激活及二者之间的功能连接可能是这种调节作用的核心机制之一。

调节定向对创造力的影响主要是通过影响个体注意来实现的。事实上，和促进定向相关的情绪状态会拓宽注意的范围，如生气、失望、愉快等，进而对人的创造性任务表现产生促进作用；和预防定向相关的情绪状态则会缩小注意的范围，如平静、松弛、害怕等，进而阻碍创造力的发挥。

"实验心理学之父"冯特曾提出情绪三维理论，即情绪由 3 个维度组成：愉快—不愉快；激动—平静；紧张—松弛，每种情绪分布在这 3 个维度两极的不同位置上。

有效激发创造力的任务工作法

你是一个会在任务截止前一天爆发创意和生产力的人吗？有研究发现，如果没有时间限制，人在消极情绪状态下更容易创新；如果有时间限制，人在积极情绪状态下更容易创新。但马泰斯·巴斯（Matthijs Baas）通过研究发现，时间充足时，人在积极情绪和消极情绪两种状态下的任务表现并没有差别。虽然这些研究存在矛盾，但也存在一致性。例如，如果给一个心情不好的人定不合理的最后期限，那么他可能更容易破罐子破摔地说"我不干了！"或"随便搞一搞交差得了"。

CREATIVITY

上班看时间扼杀创造力

你在上班时，有经常看时间的习惯吗？如果到了下班时间，你的工作还没做完，你是加班继续做完呢，还是准备拖到第二天再做呢？如果你是前一种情况，那么你属于"以任务安排工作型"的人；如果你是后一种情况，那么你属于"以时间安排工作型"的人。大多数上班族属于后者：时间决定了他们的工作日时长。最近的一项研究表明，根据时间安排任务会抑制员工的斗志和创造力。

"以时间安排工作型"的人一般会把任务按时间来分段，如

"会议从上班开始开到上午10点左右""任务从下午3点做到下午5点"等。他们的下班安排往往取决于是否到了下班点，一般情况下，即使任务未完成，他们依旧到点就下班。而"以任务安排工作型"的人往往会列出任务清单，然后按清单一项项完成，且他们只有在前一项任务结束后才开始下一项任务。不过，在日常生活中，这两种工作类型并不是完全分开的，有的人在工作中能同时用这两种方式来规划工作。

在实验中，研究人员发现，当被试以"时间工作"来安排任务并践行（时间组织法）时，他们表现得更高效，但其快乐程度比较低。因为他们认为自己不停地看时间容易产生焦虑感，总想着尽快在规定时间内完成任务，而没有关注其完成任务的质量是否合格，他们认为自己总是在赶时间，无法控制自己的生活。

而当被试以"任务工作"来安排任务（任务工作法）时，他们在做任务时效率较低，但其快乐程度和创造力都较高。虽然被试可能需要更多的时间来完成任务，但一旦完成任务，他们就会产生强烈的成就感与满足感，因为他们在探索过程中会积极地思考更多有创造力的方法，所以他们在完成任务的过程中能体验到更多的积极情绪，其快乐程度更高。

大多数组织机构采用的依然是时间组织法，因为管理者认为，用这种方法来组织员工更高效。但事实上，管理者应该采用任务工作法来组织安排更需要创造力的任务，只有这样，员工做任务时才更有创造力，同时，他们在这个过程中也会体验到更多的积极情绪。

焦虑、厌烦和愤怒如何
激发或抑制创造力

在某种意义上，情绪就像我们为自己戴上的面具。在不同的面具下，我们会产生不同的反应倾向，继而表现出不同的思维、行为及创造性表现。接下来，我们通过分析焦虑、厌烦和愤怒等典型情绪，来探讨不同情绪对创造力的影响。

何种水平的焦虑更能激发创造力

焦虑是个人面对危机或不可知心境时产生的不愉悦情绪，具体表现为忧虑、紧张、烦恼和害怕等，主要分为特质焦虑和状态焦虑两种类型。特质焦虑相对稳定，是一种具有个体差异的焦虑倾向或习惯，也是一种人格特质；状态焦虑的持续时间比较短暂，强度多变，是人处于某一情境时产生的一种心理状态。

创造力实验室

在心理学研究中，关于认知学习受焦虑影响的相关研究发现，焦虑对认知学习的影响比一般的消极情绪更为复杂。S. 萨克塞纳（S. Saxena）以高中生为被试的研究发现，创造力和焦虑之间呈负相关，即焦虑水平越高，创造力越低（Saxena & Kumar, 1985）。彼得·奥克布科拉（Peter Okebukola）指出，消极情绪会阻碍对创造性问题的解决，如焦虑、抑郁、不愉快等，因为人的注意力会受到消极情绪的限制，所以被试的反应会表现得刻板或僵化（Okebukola，1986）。

古兹曼·史密斯（Gudmund J. W. Smith）和英也亚德·卡尔松（Ingegerd Carlsson）认为，过度焦虑会阻碍不寻常的新想法的产生（Smith et al.，1990）。卡尔松（Carlsson，2002）从大学生群体中抽取了创造力最高和创造力最低的两组，他通过对比发现，在特质焦虑水平上，前一组的显著程度高于后一组，但在状态焦虑水平上，两组未显示出显著差异。也就是说，如果大学生平时容易焦虑（焦虑特质），那么他们更容易解决创造性问题，因为焦虑特质的人多是以目标为导向的，收到任务后，他们会更加积极主动地完成，因为越早完成任务，他们的焦虑情绪会越快消失。

焦虑是一种比较常见的消极情绪，如学生会产生演讲焦虑、考试焦虑等，上班族也会因为要在有限时间内完成任务而产生焦虑；而且，不同人的特质焦虑也存在程度上的差异。焦虑对我们的生活、学习和工作都不可避免地会产生影响，不过，它和创造力的关系比较复杂，以往的研究并没有很好地结合现实对其进行探讨。

对学生来说，考试无疑是最大的焦虑源。某中学老师指出，令学生焦虑的主要因素有：面临重要测验或大型考试；反复听老师讲关于考试的信息；考试成绩不理想，同时考卷需要家长签名，感觉无法向家长交代；考试结束后被老师叫去办公室；作业太多，感觉来不及完成；同学之间的摩擦导致的人际关系紧张；找不到合适的学习方法，虽然努力了，但学习成绩没有提高；被同学或老师误解，无法解释清楚（卢家楣等，2005）。

上海师范大学原教育学院院长卢家楣以考试作为引发焦虑的手段，做了一系列有关焦虑水平影响学生创造力的研究，他发现，状态焦虑水平低时，学生的创造力表现更好，而特质焦虑对学生的创造力表现并无影响。需要注意的是，只要参加考试，学生就不可能不焦虑。这暗示着，中等水平的焦虑对学生发挥创造力更有利。

适度的厌烦情绪帮我们打破思维的"墙"

前文曾介绍了情绪的效价和生理唤醒度会影响人的创造性表现。研究表明，当产生厌烦情绪时，人们很想做一些令自己舒服或满意的事情，且通常会对"意义"这一话题进行思考和探索。**具有高厌烦情绪倾向的人更有可能喜欢感觉寻求活动，他们喜欢冒险，渴望有回报的刺激，而且更多地表现出发散思维模式**（McCrae，1987）。所以，厌烦情绪可能会鼓励人获得报酬并跳出旧有的思维框架。相反，当人处于放松等预防定向情绪状态时，则意味着威胁刺激已经不存在，人对现状比较满意，往往不会继续探索新事物。所以，放松可能会带来消极的动机效应，不利于人们灵活运用认知策略（Pekrun，2009）。

我们从以上研究中可以得出这样的结论：无论情绪是积极的还是消极的，生理唤醒度是高还是低，只要它们对个体行为的影响是促进或趋近性的，就会对其创造性行为产生积极影响。一些实验研究的结果（Gasper &

Middlewood，2014）的确证明了这一点。愉快的情绪状态会促进个体发散思维的提升，厌烦则会促进个体产生新奇的观点。一些研究人员呼吁，管理者在考虑情绪对员工创造力或工作表现的影响时，要全面考虑情绪的不同维度，尤其是情绪的激活程度是如何影响员工行为的。

愤怒能在某种程度上提高人的启发式思维

很多科学发明家和艺术家的脾气都很糟糕（Eysenck，1993），但很多具有创造力的科学发明都要归功于冲突，这些冲突很多是由团队成员之间产生的不信任、愤怒或挫败诱发的（White，2001；De Dreu & Nijstad，2008）。

创造力通常需要两种认知成分：一种是认知灵活性，另一种是认知持久性。形象地来说，认知灵活性就像人在不同思维间"蹦跶"的能力；而认知持久性就是人的专注力。这两种认知成分对创造力的影响是建立在其能被激活的前提下的（Baas et. al，2011）。有研究人员提出，愤怒情绪会调动身体内的能量，激活人的思维（Depue & Iacono，1989；Frijda，1986；Klinger，1975；Kreibig，2010），而且他们还认为，愤怒更多的是激发人的认知持久性这一认知成分。当认知持久性被激发以后，人在面对问题时会全神贯注，且更容易迸发创意性想法，进而提高创造力。

在产生愤怒情绪时，人们需要确定感和控制感（Lerner & Tiedens，2006；Tiedens & Linton，2001）。**愤怒会缩减人的分析加工过程，导致更多启发式的、浅层次的信息加工过程产生，如翻旧账（"他小时候就爱偷**

东西"）、产生以偏概全的观点（"黑人都爱打架"）、按本能行事（"孩子做错事就该打屁股"）等。相对于悲伤的人，愤怒的人在特定事物上的注意力会下降，细节处理能力会降低，但他们对更广泛的、更有联系性的事物比较兴奋。

由此可见，愤怒导致的细节处理能力降低会影响人的创造力，而细节处理能力激活则可能提高人的启发式思维能力，因此不能从细节处理方面来评估愤怒的好坏。进一步的研究发现，愤怒对创造力的促进作用只存在于愤怒的峰点，一旦其作用褪去，人的创造力也会随之趋于平缓（Baas，De Dreu，& Nijstad，2011）。

所以，与其说是愤怒本身引发了人的创造力，不如说可能是由于能量的激活引发了大脑活动加速、效率提高。或许，与听半小时摇滚乐或慢跑半小时对创造力的影响相比，愤怒的效果并没有多么显著。

情绪如何影响工作绩效

在任何职场环境中，员工的情绪都是复杂多变的。正是复杂多变的情绪，影响了员工在工作中愿意做什么及不愿意做什么；而工作的过程或结果又会让员工体验到快乐、焦虑或抑郁等情绪。有研究表明，在职场中，情绪对员工创造性绩效的影响并不是单向的，而是多方面且互相影响的，因为创造性绩效的产生过程既是情绪体验的组成部分，也会受到情绪体验的影响。

积极情绪：提高认知灵活性与节约认知资源

　　人们普遍认为，在积极情绪状态下，人的工作效率更高，且更容易产生具有创造力的想法。在职场中，人们一般认为，如果管理者为员工创造和谐、愉快的工作氛围，那么员工在心情愉快的状态下更有可能做出创造性成果。目前，很多研究都表明，在职场中，积极情绪在一定情况下会促进人产生创造性绩效。

创造力实验室 ————————————————————————————————

　　在一项实验中，研究人员通过发小礼物、播放喜剧片段等方式来诱发被试产生积极情绪，结果发现，产生积极情绪的被试在后续测验中的创造性成果更好，而且他们也更容易找到更多新奇且恰当的词汇联结（Isen, 1999）。这项研究证实了人的积极情绪和创造力是呈正相关的，因为积极情绪有助于提高人的认知灵活性，人通过借助情境中信息的广泛联系可以解决创造性问题。也有研究表明，处于快乐情境下的人在做创造性任务时的思维流畅性比处于悲哀情境下的人表现得更好。

　　研究人员发现，在为不完整的故事设计结尾时，处于积极情绪状态的人会运用更多、更丰富的词为故事设计更详细、更贴切、更有创意且更有趣的结尾；处于中性情绪状态或消极情绪状态的人为故事设计的结尾则比较普通，没有太大的创意。纵向研究（Amabile et al.,

2005）发现，在职场中，员工的积极情绪与创造性绩效呈正相关。因此，管理者在管理活动中应当通过多种方式诱发员工的积极情绪，从而提高员工的创造性绩效。

研究人员综合分析多项研究成果后发现，**与中性情绪及消极情绪相比，积极情绪更有助于促进人的创造力，但积极情绪并非在任何情况下都能促进创造力，其效果与创造性任务类型有关**。比如，如果某项任务对员工来说很难，那么，尽管员工的情绪很积极，任务本身的难度也会使他们产生畏难情绪，从而影响其创造力，这可能会抵消积极情绪本身对创造力的促进作用。

在职场中，积极情绪为何会促进员工产生创造性绩效呢？研究人员主要从认知灵活性角度和认知资源理论来解释其背后的机制。

有研究人员（Simonton，1992）提出，认知灵活性和创造力有很大的关系，任何促进认知灵活性的因素都可能促进创造力，而积极情绪正是促进认知灵活性的主要因素之一。积极情绪会拓展人的认知资源，如积极情绪会促使人关注更多的新异刺激，在联想阶段可能会产生更多可用的认知资源；积极情绪在拓宽个体注意广度的同时，还会促使人分散注意，从而形成更复杂的认知情境，并让人产生更多创意性观点；此外，积极情绪还有助于促进不同的认知因素之间相互联结（Clore，Schwarz，& Conway，1994）。

有研究（Fredrickson & Joiner，2002）表明，高兴、喜悦等积极情绪会扩大人的认知范围，人会因此变得更加开放，更易于接受新事物，从而更愿意追求新奇的、不拘一格的、有创造力甚至有一定风险的思想和行动。

也有研究人员（Basch，1996）认为，人的认知资源是有限的，当人产生消极情绪时，除了需要调用认知资源来从事当前的创造性活动，还需要动用一部分认知资源来抑制恐惧、焦虑、悲伤等消极情绪的继续发展，因此人在进行创造性活动时，其创造性绩效会受到认知资源分散的影响。而且通常情况下，在思维活动和情绪活动竞争认知资源的过程中，认知资源会优先处理人产生的消极情绪，此时，人用于思维加工的认知资源会大大减少，因而更难产生创造性想法。所以，有研究人员认为，消极情绪对创造性活动会起到阻碍作用。

还有研究人员（Amabile et al.，2002）认为，在组织环境中，如果员工的压力过大，那么他们更易产生恐惧或焦虑等情绪，而为了摆脱消极情绪的困扰，他们往往倾向于先解决问题，而不愿意进行反复尝试或长时间的思考，其创造性绩效会因此受到影响。在这种情境下，员工虽然如期完成了任务，但其工作并没有任何新意。

消极情绪：提升注意力、开放性和探索精神

有些观点认为，消极情绪同样有助于促进员工产生创造性绩效。目前，在实证研究中，时间压力管理已成为管理者激发员工创造性绩效的一种重要管理方式。许多管理者认为，时间越紧迫，员工越能投入更多的精力去工作，他们的效率也更高；此外，他们还认为，在时间紧迫的情况下，员工的内心会很焦虑，而一定程度的焦虑情绪会促使员工集中注意力

工作，从而产生创造性绩效。

　　我查阅相关文献后发现，确实有不少研究证明消极情绪在某种程度上会对创造力起到促进作用。在阿诺德·路德维希发现创造性成就和抑郁的关系后，后续有研究人员对普通人的创造性成就进行了研究，结果表明，积极情绪在某种程度上会对创造力起阻碍作用，消极情绪则会在某种程度上对创造力起促进作用。

创造力实验室 ————————————————————————

　　　　有研究人员（Bower，1981）指出，拥有积极情绪的人在思索问题时，其概念倾向越封闭，即不愿意接纳新概念，其创造力的发展就越受阻。有研究（Kaufmann & Vosburg，2002）就指出，积极情绪并不是在任何情况下都有助于创造力发展的，在某些特定的情境下，如制定重要决策时，消极情绪反而会对创造力发展起促进作用。

　　　　该研究还发现，情绪状态和加工时间之间有交互作用，即在制定创意方案的前期，积极情绪可以提高创意数量；而在加工创意方案的后期，消极情绪在促进创意产生方面的作用要好于积极情绪。因为人在积极情绪状态下比较放松，更有利于产生更多发散思维。但在后期，随着目标越来越清晰，处于消极情绪状态下的人会对周遭环境进行细致的评估，并且有了更好的持久性和持续性，因此，他们能产生更多高质量的创造性成果。

其他一些研究（Montgomery, Hodges & Kaufman, 2004）也表明，消极情绪有助于提高人的创造力，因为消极情绪的几个维度（如忧愁、悲伤、愤怒、紧张、焦虑、痛苦、恐惧、憎恨）和创造性感知的几个维度（如接受新奇、自信、想象力训练等）存在显著的正相关关系。

我团队的研究（李亚丹等，2012；Li et al., 2013）还发现，竞争和情绪这两种动力相关因素在顿悟问题解决过程中的动力作用并不是独立的：在无竞争条件下，个体在消极情绪状态下解决顿悟问题的正确率显著高于在中性情绪和积极情绪状态下的正确率，且在中性情绪状态下解决顿悟问题的正确率高于积极情绪状态；而在竞争条件下，个体在中性情绪状态下解决顿悟问的决正确率最高，在消极情绪状态下次之，在积极情绪状态下最低。这提示我们，适宜的竞争机制能激励个体的创造动机，进而促进个体产生高水平的创造力。

在当前这个 VUCA 时代[①]，如果人们能设置适当的竞争机制和评价机制，并诱发建设性情绪，共同对创造性问题解决能力进行训练，就可能会带来更好的干预效果。

同时，一些研究人员也提出了不同的理论来解释"消极情绪为何会对

---

① V 代表 Volatility，波动性；U 代表 Uncertainty，不确定性；C 代表 Complexity，复杂性；A 代表 Ambiguity，模糊性。

创造力起促进作用"这一现象。例如，心境修复理论认为，创造性活动具有心境修复方面的功能，当人处于消极情绪状态时，需要从事一些创造性活动来抑制消极情绪继续发展，从而使自己的情绪恢复到中性状态。但当人处于积极情绪状态时，如高兴、幸福、安宁、放松等，人对当前的状态很满意，便不再需要通过从事创造性活动来修复心境。因此在这种情况下，消极情绪会促进人的创造力，积极情绪则会阻碍人的创造力的发展。

此外，心境输入模型认为，对人来说，当前的情绪是一个线索：积极情绪能让人感觉到当前的状况良好，于是人会停止继续努力；消极情绪则表明当前的状态不佳，对当前的工作也不满意，因此会继续努力，直到满意为止。

积极情绪与消极情绪：不同任务阶段的"蜜糖"与"砒霜"

在组织环境中，员工体验到的往往不是某种单一的情绪，而是多种情绪的混合体。对此，研究人员进行了不同的研究（Scherer & Tannenbaum，1986）。

心境一致性理论认为，人们倾向于回忆与自己当前心境一致的信息。例如，如果一个人的心境是愉快的，那么他更有可能回忆愉快的信息；如果一个人的心境是悲伤的，那么他更有可能回忆悲伤的信息。根据这个理论，该如何对人设置情境，并同时激发人的积极情绪或消极情绪呢？实际上，可以先激活人大量的积极记忆信息或消极记忆信息，进而促进人的认知灵活性与可变性。**因此，积极情绪和消极情绪共存有助于拓宽人的认知资源广度，从而刺激人产生更多创造性观点（Blaney，1986）。**

吉尔·考夫曼（Geir Kaufman）和苏珊娜·沃斯伯格（Suzanne K. Vosburg）认为，在创造性活动的不同阶段，积极情绪和消极情绪所起的作用是不同的。

在感知问题阶段，即用概括性言语表述问题的阶段，处于积极情绪状态的人倾向于把问题解读为机会，并动用力量去解决问题；处于消极情绪状态的人则会把问题解读为威胁，而为了避免威胁给自己带来不安与焦虑，他们有可能调动力量去解决问题。

在解题要求阶段，即确定解决问题的标准的阶段，人会选择何种策略来解决问题主要取决于其对问题的评价及是否有能力解决问题。在积极情绪状态下，人倾向于采用自己想到的满足解题需要的第一种方法（满意标准）；而在消极情绪状态下，人会不断地深入思考，倾向于采用满足解题需要的最佳方法（最佳标准），因此消极情绪可以促进人的创造性绩效的产生。

在加工阶段，人主要关注的是用何种方式加工问题信息最有利于解决问题。在此阶段，积极情绪有助于拓宽人的认知广度，但人的创造性观点一般都较为肤浅；消极情绪则有助于促进人对问题进行更严格且更深入的理解。因此，积极情绪有助于应对需要整合大量不同认知资源的任务，而消极情绪不利于这类问题的解决；消极情绪有利于应对需要最佳方法的任务，而积极情绪不利于此类问题的解决。

在解决问题策略阶段，处于积极情绪状态的人倾向于采用启发式策略，处于消极情绪状态的人则倾向于采用更慎重的方法。

创造性活动是一项复杂的认知活动，既需要人拓宽自己的认知广度，动用各种认知资源，又需要人采用分析性策略，对问题进行更严格、更深入的理解。因此，在创造性活动过程中，由于积极情绪和消极情绪在不同阶段起着不同的作用，所以它们的存在都有价值。

有研究人员（George & Zhou，2007）指出，在职场中，想了解员工的情绪对创造性绩效的影响，需要考虑积极情绪和消极情绪对创造性绩效所起的交互作用。他们发现，以管理者支持为背景，在问题解决的前期阶段，积极情绪有助于促进员工进行发散思维；而在问题解决的后期阶段，消极情绪有助于员工在前期发散思维的基础上进行更深入的思索，进而找到解决问题的方案。

决定情绪能否激发创造力的 5 大因素

人类是一种复杂的动物。人要想发挥情绪的真正威力，还需要其他多种因素的"助力"。接下来，我们来讨论导致情绪对创造力的影响产生差异的中介变量（mediator）与调节变量（moderator）的相关问题。

什么是中介变量？举例来说，父亲的社会经济地位在一定程度上影响了孩子的受教育程度，进而影响孩子的社会经济地位，此时，孩子的受教育程度即为中介变量。从学术角度来说，中介变量是自变量对因变量产生影响的中介，也是自变量对因变量产生影响的实质性的内在原因。

什么是调节变量？举例来说，手指长的人可能拥有成为钢琴家的潜质，但如果他们没钱上钢琴课，即使他们天分再高，也没用。"是否上钢琴课"就是手指长度与钢琴技艺的调节变量。从学术角度来说，调节变量是指影响自变量对因变量作用效果的变量。

认知灵活性

何为认知灵活性？形象地说，它类似于猴子在不同的树之间荡来荡去的能力，即人在不同思维间"蹦跶"的能力，它是情绪与创造力关系的调节变量，同时也是中介变量。**研究表明，思维灵活的人擅长在积极情绪中探索有趣的事物，在消极情绪中努力寻找具有创造性的、能让自己变好的方法；思维不够灵活的人则容易在愉悦时满足，在悲伤时无法自拔。**

另外，在积极情绪状态下，人的创造性成就更高，主要原因在于，此时人的思维更灵活，如在信息间切换更灵活、在整体与局部任务中能更灵活地转换视角、更擅长信息重组与分类、能使用更灵活的策略以及能更有效地自我控制等。

创造力实验室 ————————————————

在一项研究中，研究人员（Lin et al., 2014）通过让被试观看不同类型的电影，以诱发其积极情绪、中性情绪和消极情绪，之后又测量了他们的认知灵活性（判断随机出现在屏幕上不同位置的数字的奇偶性）以及创造性任务能力（发散思维和顿悟问题解决），最后对被试的认知灵活性、情绪、创造力三者的关系进行了分析。

他们发现，在积极情绪状态下，人的认知灵活性较高；同时，积极情绪能促进被试的创造力，原因完全在于被试在积极情绪状态下的思维灵活性。但是，积极情绪带来的思维灵活性只促进了被试在需要打破思维定式的顿悟任务中的表现，并未对被试完成发散思维任务产生促进作用。比如高兴时，被试的思维更加灵活，且更容易打破常规以及跳出思维定式，想出平时想不到的主意。但对于发散思维任务的完成，除了思维灵活性，也少不了知识水平、生活经历的加持。

一般认为，积极情绪会激活大脑中和认知灵活性有关的扣带回，并提高多巴胺的水平，从而促进对顿悟问题的解决（Ashby，Valentin，& Turken，2002；Subramaniam，Kounios，Parrish，& Jung-Beeman，2009）。所以，认知灵活性可能是中介因素，它对情绪和创造力的影响需要进一步研究。

那么，如何提高认知灵活性呢？这个问题与"如何提高创造力"类似，最简单的方法是：无论遇到什么问题，问 5 次"如果……，事情可能会变成什么样子？"

本格推理① 大师埃勒里·奎因在小说《西班牙披肩之谜》中借男主之口说的这段话很有参考价值："我喜欢思考不同对象之间的关系，它们全

① 推理小说的流派之一，注重逻辑推理。——编者注

然不同，往往还互相冲突，尤其是当它们以暴力形式表现出来时。在我看来，死者就好像是代表了方程式里的一个因素。杀人动机、谋杀手段、导火索、时间和地点选择、人性的缺点，这些因素都令我着迷。"

自主性

由于积极情绪和消极情绪对创造力的影响不同且存在矛盾，因此研究人员进行了大量与中介变量有关的探索研究，如自主性研究（Cropley，1990；Hunter，Bedell，& Mumford，2007；Liu，2013；Sheldon，1995；Smith & van de Meer，1994）。

自主性是指人有权选择自己"要什么"和"怎么做"。自主性分为特质自主性和状态自主性，特质自主性可以通过普通原因取向量表（General Causality Orientations Scale，GCOS）测出。该量表包括 3 个子维度：自由取向、控制取向和非个人取向。自由取向的人会凭自己的兴趣行动；控制取向的人会根据外部奖励行动；非个人取向的人缺乏有意控制意识，通常高非个人取向的人难以很好地掌控当前形势。状态自主性反映的是人自主控制的程度，涉及无自主条件和完全自主条件两方面。在实验中，在无自主条件下，人只能按照要求按键抓老鼠；而在完全自主条件下，人完全可以自主自行探索如何更快地抓住老鼠。

有研究（Xiao，et al.，2015）采用看电影的形式来诱发被试的积极情绪、消极情绪和中性情绪，他们使用的测量工具为托兰斯创造性思维测验，结果发现：积极情绪会促进被试产生更多新奇想法，但对流畅性和认知灵活性则没有明显的促进作用。这可能和研究人员在创造性任务测量中的时间（10 分钟）较长有关：时间长，人的认知灵活性就不高（Baas et al.
2008）。

对自由取向的人来说，消极情绪会促进他们产生新奇想法。对低非个
人取向的人来说，积极情绪和消极情绪对他们创造力的影响没有差别。而
对高非个人取向的人来说，积极情绪会促进他们的创造力，消极情绪则没
有这种作用。

因此，要想让情绪影响人的创造力，就需要人的自主性弱或人做事时
出于非自愿。不过对内在动机强、能掌控自己的人来说，"外力"根本不
是问题所在。原因之一在于，特质自主性高的人更喜欢自由自在、自己探
索一切，在实验中被分配到各种情境中后，他们会失去选择权，其原有优
势很难完全发挥出来（Xiao et al.，2015）。另外，特质自主性高的人不易
受外界因素的影响，所以在内在动机水平稳定的情况下，有无奖赏或回报
对他们没有影响。无论诱发积极情绪、消极情绪还是中性情绪，对自主性
高的人不会产生明显的影响；而对高非个人取向的人来说，他们从来没
有学习过如何有效地管理情绪和掌控决定自己想要的结果的力量（Deci &
Ryan，1985），所以情绪的诱发可能会对其产生影响。

状态自主性会让人体会到自主决定及自由的感觉。来自父母、老师和
环境的支持对人的心理过程、内在动机、创造力以及情绪与创造力的关系
（Ryan & Deci，2000；Mageau et al.，2009；Black & Deci，2000；Koestner
et al.，1984）都会产生影响。状态自主性高的人出于得到了外在的好处，
所以他们会出于正常的"有来有往"心理对事情更加负责，且会更加努力，
并表现出更高的创造力（Zhou，1998）。

不过，对于人的自主性是如何介导情绪和创造力关系的，以及三者之间有怎样的复杂关系，还需要进一步探索。

另外，有研究发现，抑郁情绪是通过"反思"这一中介变量来促进人的创造力的，且主要提高了创造力的流畅性（Verhaeghen, Joorman, & Khan, 2005）。很多文艺作品都是艺术家在抑郁情绪下完成的，抑郁情绪激发了他们对满足感的渴望。为了填补内心的不满，在反思过程中，艺术家产生了大量的想法，进而表现出创造力。

新近研究（Du et al., 2021）考察了消极情绪在不同的自我关注模式（反刍和反思）下对认知创造力和情绪创造力的不同影响。结果表明，在不良环境中，消极情绪与认知创造力和情绪创造力均显著相关。消极情绪对人创造性想法的积极影响会通过反刍和反思的链式中介作用实现；而不良环境给人造成的心理影响与情绪创造力呈显著正相关，但与认知创造力的相关性并不显著。出现这种结果的原因可能是，人会在消极情绪状态下进行反刍，同时思考问题的原因（因果分析），然后在反刍引发的反思过程中对问题进行分析（问题解决分析）。

依恋关系类型

依恋是指人与人之间建立的双方互有的亲密感以及相互给予温暖和支持的关系（彭聃龄，2001）。依恋最初主要指母婴依恋，后来逐步拓展出了生命全程依恋观和多重依恋理论，依恋的概念也扩展到生命其他时期和生命中其他重要的人身上（骆素萍，2009）。

对看护人的早期依恋为人提供了一个关于自我、他人和外部世界的内部认知工作模式，许多时候，这种模式会影响人一生的人际关系（Bowlby，1988）。例如，如果母亲常食言，那么孩子长大后或许很难相信他人，也很难给恋人足够的空间。

依恋关系最常见的 3 种类型分别是安全型、回避型与焦虑－矛盾型（也称抗拒型）（Becker et al.，1997）。安全型的人对自己有安全感，很容易让人亲近，可以与他人形成良好的依赖与被依赖关系，其自身感觉很幸福，不怕被抛弃或被怀疑，也不会给别人带来压力。回避型的人与人亲近时会不舒服，在情感上，虽然他们需要亲密关系，但很难相信他人，担心自己受到伤害。焦虑－矛盾型的人虽然很想与朋友融洽相处，但他们会觉得朋友不愿与自己亲近，身边没有好朋友时，他们会不舒服，有时会担心朋友不像自己需要朋友那样需要自己。

安全型的人在思考问题时更加灵活和开放，能根据自己的相关需求调整自己的思维方式以接纳新信息，且不会固执己见。因此，安全型的人思维建构水平更高、学习能力与适应能力更强（更现实而非过于理想主义）、更包容、更喜欢不确定性，也更容易发现朋友的细微变化（掌握细节的能力更好），从而让朋友觉得更体贴（田瑞琪，2004）。

创造力实验室 ────────────────────────────

　　研究人员（Mikulincer & Sheffi，2000）选取了部分大学生作为被试，以探究大学生的依恋、积极情绪与分类任务、创造性问题解决之间的关系。

　　研究结果表明：在积极情绪状态下，安全型的大学生在语义刺激的分类任务中会运用更广泛且更丰富的标准，且在创造性问题解决方面表现得更好；在积极情绪和中性情绪状态下，回避型的大学生在分类任务和创造性问题解决中没有表现出显著差异；焦虑－矛盾型的大学生在积极情绪状态下进行分类任务时比在中性情绪状态下缺乏广泛性，且创造性问题解决的表现更差。

一些研究人员认为，在悲伤情绪状态下，焦虑－矛盾型的人比其他两种类型的人可能更有创造力（汪玲 & 骆素萍，2009）。其原因可能在于，安全型的人倾向于使用严密的方式来完成认知任务和探索不寻常刺激，缺少"跳出去"的意识，即使有负面信息，他们也很有安全感，觉得自己身处舒适区，没必要"跳出去"。回避型的人倾向于从亲密关系中逃离、追求控制和自主性、否认对依恋的需要，且会抑制消极想法和依赖机制，这种抑制会使其认知灵活性下降，可能不利于创造性思维的产生（Mikulincer，1998）。不过，事情也没这么绝对。例如，乔布斯就是回避型的人（他甚至否认自己与女儿的关系），但回避某些刺激后，他聚焦于其他创造性行为，反而取得了更高的成就。

焦虑程度高的人倾向于通过过度激活与忧伤相关的线索和依恋需要来调节情绪，焦虑－矛盾型的人会努力缩小自己与他人之间的距离，并通过控制和坚持某种行为来获得爱和安全感，这种努力包括对他人及环境的关注以及认知激活，他们的创造力也因此得以提升。但也有研究发现，在积极情绪状态下，安全型的人更有创造力（骆素萍，2009）。

CREATIVITY

不安全感是怎么回事

拥有安全感的人是幸福的。他们不苛求自己，不会过分为未来担忧，懂得中庸与适度，有自己感兴趣的事，而且独立、自主，不会将自身的幸福建构在他人身上，容易表现出较高的情商。反之，缺乏安全感的人在经营友情、爱情时容易对对方太苛刻，最终导致双方都非常疲惫，甚至"累觉不爱"。

安全感的本质是"相信自己的明天会比今天更好，或者至少比今天好"，以及信任他人的许诺。举个简单的例子，当伴侣说"我与某某真的没什么"时，安全感高的人不会纠缠不休，而且即使伴侣真的出轨，他们仍相信自己有能力过上更好的生活。所以，他们不会过度纠结，会给伴侣足够的空间。从某种意义上说，足够的空间是人际关系的生命线。

不自信一般与幼年未得到哺育者充分的肯定有关。婴幼儿有探索世界的需求，当他们做一些"不干净"或"不安全"的事情时，父母的积极引导与适当鼓励可以为他们的自尊与自信打下坚实的基础，这样一来，他们长大以后就很难被打倒。曾有这么一位高明的母亲，当自己 3 岁的孩子想在冬天玩水时，她充分地予以配合：她打了一盆温水，陪着孩子玩耍，与孩子全程积极互动，且有问必答；最后，她还带着孩子一起做清理工作。

如何提高自身安全感

在这个世界上，我们能改变的唯有自己。艺术家谢尔·希尔弗斯坦（Sheldon Silverstein）在经典漫画作品《失落的一角遇见大圆满》中表达了一种理念：对什么都不缺的人来说，一切外物都如锦上添花，他们有足够的能力让自己吃饱、穿暖并获得幸福，对外物全无所求，自然也不怕失去什么。不会因为失去而遭受实质性损失的人，当然是最有安全感的人。

信息源的丰富性

人暴露于大量的信息中时，大脑中的相关概念节点会被激活，此时某个词语的出现可以增加回忆联想工作的可能性。例如，"狗"这个字的出现会增强人对"猫"或"吠叫"的回忆。在这个例子中，"狗"的概念为"猫""吠叫"等概念提供了激活准备。认知科学家艾伦·M.柯林斯（Allan M. Collins）和伊丽莎白·F.洛夫特斯（Elizabeth F. Loftus）提出了扩散激活理论（spreading activation theory），他们认为，当"狗"这个字在大脑中呈现出来时，"狗"的概念节点会被激活，然后该激活概念节点会传递到其他节点，如"猫"或"吠叫"的概念节点。通过这种方式，联系概念节点变得更容易理解。这种激活方式对相距较近的联系概念作用强，而对相距遥远的联系概念作用弱。

有研究人员（Mendelshn，1976）认为，富有创造力的人比缺乏创造力的人有更多的多元概念。因为人关注的范围存在差异，就像"如果一个人能同时关注2个事物，那只能发现1个可能的类比，如果一个人同时关注4个事物，那他就能发现6个可能的类比"，所以，有创造力的人具有更强的注意力和注意发散倾向。比如，高创造力者在日常生活中常常能举一反三、见微知著，这种特质源于他们同时关注的事物范围非常广。就如同食材越多，做出来的饭菜会更加多样，当人关注的事物越多时，更有可能从事物中发现更多联结，进而产出更妙的点子。

大量研究证明，多了解别人的新奇想法后，一般人的创造力也会提升，即流畅性提高，但这种提升仅限于与所给信息类似的领域，且在个性和独特性上的表现反而有所下降，新奇性也未见提高（于珊珊，2013）。

问题背景

创造力实验室

有研究发现，数学应用题对小学生解题能力的影响取决于不同的问题背景。例如，小学生的解题能力在题目以图形和图式形式呈现时均高于以文字形式呈现时，即视觉提示有助于小学生解题能力的提高（贠丽萍，游旭群，2006）。不同的文字表述方式同样也会影响小学生的解题能力。比如关于一套试卷的得分水平，一种表述是"人有一半的机会得分高于 60 分"，另一种表述是"人有一半的机会得分低于 60 分"，这两种表述方式产生的效果大不一样：前一种表述方式可能会比后一种产生更多的积极信息。

另有研究（Levin & Gaeth, 1988）表明，将牛肉描述为"75% 是瘦肉"时，被试表现出了更多的喜爱感觉；而将相同的牛肉描述为"25% 是肥肉"时，被试表现出的喜爱感觉则少得多。由此可见，不同的问题表述方式会对人的认知活动产生不同的影响。

> 此外，问题背景的多样性以及人对问题理解的多样性，都可能影响人的问题解决能力。研究人员认为，问题背景的不同可能是导致情绪对创造力产生不同影响的重要因素。

在一项研究中，研究人员（李淑娜，2007）向被试直接呈现测验的客观难度，并用不同的言语表达方式告诉被试测验的相关信息。研究人员描述一个测验的特点是基本上人人都可以得 60 分，比较简单；另一个测验则是不常见的题型，得分有可能高于 60 分，也有可能低于 60 分。之后，研究人员探讨了在这两种条件下，被试的情绪对创造力测验的影响，结果见图 2-2。

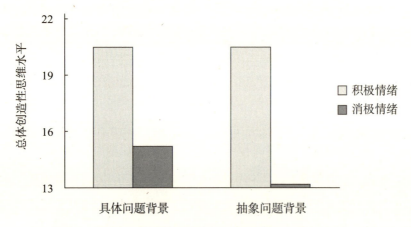

图 2-2　不同问题背景下总体创造性思维水平的比较
资料来源：李淑娜，2007。

从图中可以看出，当被试处于积极情绪状态时，他们在不同问题背景下的创造性表现没有差异。也许原因在于，在积极情绪状态时，被试的思路比较活跃、开阔，且不在意不同问题背景的差异，问题背景也没有对情绪和创造力之间的关系产生影响。而当被试处于消极情绪状态时，具体问题背景会直接、客观地为他们提供测验信息，这有利于他们在情绪状态不佳时把握测验本身的客观情况，从而提高创造性表现。

此外，在客观的问题背景下，被试在冒险性、想象力维度上的得分明显高于其在主观的问题背景下的得分，而且其在创造性思维测验中的流畅性也更高。原因在于，客观的问题背景为被试提供了关于问题的客观且详细的信息，使得被试对题目内容有了更好的理解；而主观的问题背景只是对题目的主观概括和描述，缺乏直观的题目内容，因此被试对题目内容的理解相对较差（李淑娜，2007）。

该研究为教师开展教学提供了很好的指导方向：教师在教学过程中应设置适合教学目标的问题背景，明晰课堂教学内容的重点和难点，并尊重学生体验的主体性。要让学生置身于真实的学习情境中，如客观且具体的问题背景，从而更好地引导学生，使学生找到合理的问题解决方法，并在过程中有效调动学生的创新能力。教师还要创设愉快的学习环境，充分调动学生的积极性。

此外，企业管理者或领导者在为员工安排任务时，应该先洞察员工已有的积极情绪或消极情绪，然后在此前提下转变任务表达方式，从而帮助员工更有效且更有创造性地完成任务。

近期有研究（Li et al., 2020，2022）分别基于特质和状态的视角，利用事件相关电位 (event-related potential，ERP) 技术探究了个体特定的认知加工方式在情绪影响顿悟问题解决过程中的作用以及相应的认知神经机制，如整体性思维与分析性思维，以及整体加工与局部加工。结果发现，个体特定的认知加工方式和情绪动态交互，共同影响了顿悟问题的解决过程。消极情绪可以增强整体加工模式对顿悟问题解决的促进作用；积极情绪可以抵消局部加工对顿悟问题解决的抑制作用，从而促进顿悟问题的解决。

如何利用情绪提升创造力

如果方法得当，情绪可以帮助我们大幅提高创造力，而且这并非难事。具体来说，我们可以从以下几个方面着手。当然，读者朋友也可以在工作和生活中多加探索，找到最适合自己的方法。

接纳自己情绪的复杂与多样

在电影《Hello！树先生》中，有一句经典台词叫"人格不稳定"，作为一种插科打诨的方式，这种说法很容易被人记住。但事实上，人格是一个人的整体特征，情绪多变、"一点就着"等特质都是人格的一部分，所以"人格不稳定"这样的说法事实上并不科学。但无论如何，在日常生活中，我们都认为"靠谱"才是正常成年人的重要特征——行为可预测，如不会无理由地哭、不会在饭桌上大笑不止、不会莫名其妙地冒犯他人……

虽然"万年扑克脸"在他人眼中看起来很成熟，但这种人的人生却可能缺少趣味性。每个人在不同时间段都会有不同的情绪体验，就像"人不能两次踏进同一条河流"一样，所以要体验每一刻独特的自己，尊重自己的每一种情绪——无论自己或他人觉得多么幼稚，也要接纳自己的优缺点，就像接纳阳光、雨露甚至阴霾一样，我们完全可以有效地利用所有情绪，让它们绽放出不可思议的光彩。

作家马尔克斯曾说："生活不是我们活过的日子，而是我们记住的日子，我们为了讲述而在记忆中重现的日子。"假如你曾经在 16 岁时发明过类似哈利·波特穿的魔法隐形衣，但后来因为意外丢掉了，也未能向世人展现出来，那在历史上，这与从不曾创造并没有差别。即使你记得，但从未让他人知晓，对整个历史来说，你仍然是一个没有创造力的人。

当我们说"接受了自己的所有情绪"时，如果没有将它记录下来，它慢慢地会随着岁月的流逝而消失。不妨想一想，去年的今天发生的事情你还记得几件？我曾于 5 年前阅读了埃勒里·奎因的《生死之门》，今年再看到书名时已经感到全然陌生，直到我重新进入故事，重新体会小说中人物的复杂情感并读到诡异困境的情节时，我才终于想起：啊哈！我记得问题的核心在哪里，我读过这本书！这种"啊哈！"的恍然大悟与失去记忆的羞愧在我心中激起的情绪比 5 年前更强烈。接着，我立即写了一篇长长的读书笔记。

经验告诉我，这次对这本书的记忆可能会影响我一生。一方面，我这次的情绪比上次更复杂，对奎因和对人生的理解以及情绪体验比 5 年前更深刻；另一方面，在写完读书笔记之后，我的认知加工更有深度了，与大脑中原有的知识体系（图式）结合得更广泛了，以后更可能通过多类相关信息激起这份记忆，且更可能产生不一样的感受。

适时让情绪自由奔流

激烈的情绪在某些情境下可能会提升人的创造力，反过来，创作过程也会引发更猛烈的情绪冲突。这种循环本身会导致一种失控，就像森林这种环境更容易引发大火，而大火在森林中蔓延得更快一样。如果不是因为放任激情的自由流淌，凡·高就不会创作出《向日葵》与《星空》，海子就写不出《面朝大海，春暖花开》，顾城也不会成为"童话诗人"。

据说一些诗人在写诗时，会故意在保证不伤害别人的前提下，主动创造一种全然失控的场景，然后体验最大强度的激昂、悲伤或极乐等情绪。比如，他们会给自己留一整天的时间，不与外界联系，让自己完全沉浸于某种情绪之中，然后写一首诗。最后，一切又恢复正常。

那么，这是疯狂还是理性呢？实际上，理性到了极致就是疯狂。

渡边淳一的《无影灯》讲的就是一个理性到极致的疯子的故事。爱欲、人性、荒谬、无奈、悲伤等在别人眼中没有关联的情绪，经由渡边淳一的仔细"烹饪"，便成了一部让人血脉偾张、热泪盈眶的巅峰之作——这部小说情感丰富、创造力惊人，令人爱不释手。

CREATIVITY

激烈的情绪会带来更高的创造力吗

许多时候，孩子天马行空的想象力让成年人自愧不如，他们的想象力犹如 6 月的气候，总是带来惊奇，而这与二者的"多变"本质存在一定关联。在气候环境多变的情况下，生态系统的更迭速度更快，并表现出更大的多样性。

与之类似，在不同的情绪下，人们关注问题的角度存在差异，短时间内情绪变化越丰富，人们越容易产生顿悟（Fong，2006）。混合情绪状态，如"悲喜交加"或"紧张又激动"，常常伴随着重大的生活转变。

比如初入职场时，作为新人，我们在做事情时经常担心自己不够优秀，无法得到同事的认可，为此忐忑不安；然而，正是这种情绪略微失衡的状态，使我们的大脑看待周围事物的角度略有"倾斜"，从而使我们做出在正常情况下无法做出的举动，产生更多有创意的想法（Kaufmann，1996）。从这个角度来说，新员工经历的混合情绪很可能会推动他们产生更多创造性想法。

因此，在某些情况下，激烈的情绪能提升人的创造力，也是类似的道理。人的能量有限，在正常情况下不会出现大幅度的变化，我们可以将其形象地理解为"加速度为 0"的状态，而在突然出现情绪爆发时，"瞬时加速度"达到非常大的值，整个人的生理与心理都会体验到重大变化，正是这种变化为创造力提供了可能性。

悦纳他人与他物

进化心理学认为，人的厌恶源于对有害事物的恐惧，人会表现出眯眼、皱鼻、闭嘴等表情，这与人们所说的"闭目塞听"颇为相似，这种态度意味着对外界信息的抗拒。前文提到，创造力与认知系统中信息的量和复杂性以及感觉灵敏度都有关，而厌恶一般意味着创造力的下降。

对有害事物的厌恶及恐惧一般是习得的结果。举例来说，我幼时生长于还不发达的农村，小时候曾端着碗在臭烘烘的天然茅坑边上吃饭，当时自己并没有任何厌恶情绪。上小学时，有一次与某同学一起"蹲坑"，这位同学一边说话一边愉快地嗑瓜子，显然他对茅坑也没有任何厌恶情绪，我自己则开始有了"对方好奇怪啊"的感觉。成年后，用了十多年抽水马桶后再回想茅坑，就觉得无法忍受，甚至老家没有抽水马桶也成了我不愿回老家的一个重要原因。从"茅坑这件小事"来看，其实任何事物本身并不具备被厌恶的属性，是经历使人类给各种事物贴上了不同的标签。

厌恶、憎恨、恐惧等情绪的相通之处在于，它们都与不理解有关。例如，当一对恋人说他们"因为不理解而在一起，因为理解而分开"时，其实令他们分开的本质原因不是"理解"，而是他们开始时的错误结合，之后双方才开始互相厌恶，甚至互相憎恨。

其实，人生本来有无数美好的事情值得去追求，人也能因此实现真正的自我价值。不厌恶，人们才可能更幽默，也更容易有创造力。事实上，幽默与创造力本身也有很大的关联：幽默本身就是一种创造。幽默的人通常朋友较多，他们在与许多人产生交集之后，容易产生更多精妙的创意。而不合理的厌恶情绪会使人无法融入新的圈子，错失接触许多新信息的机会，在处理问题时，拥有不合理的厌恶情绪的人可用于启发的资源也会减少，自然也很难有创造力。

《楞伽经》中讲"如愚见指月，观指不观月"，大意是说，愚人只见眼前实体而无法得窥大局，看到有人以手指月，便认为此人所说的月就是那根手指，却无法将目光延伸到更远的地方，无法明白"工具"与"对象"

的差异。

在《创造力：心流与创新心理学》①一书中，米哈里·希斯赞特米哈伊（Mihaly Csikszentmihalyi）将人的一生分成童年、青年、成年和老年4个阶段，并分别探讨了各个阶段的创造。童年时，一切都不确定；青年时，创造需要决心；成年时，创造与职业选择、爱情、际遇有关；老年时，创造与习惯、认知能力有关。

如果用古人的"格物"精神进行深入思索，我们可以发现复杂背后的一些简单规则：人类有探索世界的本能，如果其探索世界的行为得到重要的人（主要是父母）的肯定，便会成为习惯并一直保持下去。接触的知识越多，人越容易发现自己的渺小，从而产生更大的渴望，可能成为终生保持好奇心的人。但如果在童年时期，所有探索世界的行为都得到了负反馈，如被父母责备"不听话""太调皮"等，那么人就需要极大的机缘才能重新建立对自己的信任，以及认同自己不被他人认可的行为。

悲伤情绪可以排解，但要摆脱厌恶情绪，需要真正改变自己的内心。一些人之所以抱有"××省的人都不好""老人都××""女人都物质""男人都不忠"等极端观点，多数源于他们与人的沟通太少。如果人们可以暂时放下自己的厌恶情绪，往往能开启一段神奇的破冰之旅，结果不但使人际关系得到提升，还能产生许多创造性思想，甚至做出令人惊讶的创造性产品——有碰撞，就容易有火花。

---

① 该书是希斯赞特米哈伊历时 30 年潜心研究的经典之作，其中文简字体版已由湛庐引进，浙江人民出版社出版。——编者注

正视恐惧

有些人也许有过这样的经历：曾有一段时间，学习非常刻苦，结果考试成绩好的时候，被人说："书呆子！除了考试，你还会什么？"而考试考砸就更糟了，被人说："那么用功还考成这样，这得多笨！"后来，自己便开始变得虚伪起来，在人前各种玩儿，上课不听讲，和同学传小纸条、吃零食；上晚自习时，传情书、看小说，回家之后却拼命学——这么做只是为了让同学称赞说"看这人多聪明！"或"好学生就是玩出来的！"。

许多时候，集体无意识会以恐惧、尴尬等情绪表现出来，时刻塑造着我们的思维与行为。因为恐惧"与别人不一样"可能带来的后果，如被排斥、孤单、被算计等，所以人们会表现得与他人更加一致。结果常被嘲笑，没人真正喜欢自己，因为喜欢的核心在于志趣相投。而活在集体无意识中的人们为了迎合"多数人"，往往会忘记关注自己最感兴趣的事物，并在不知不觉中成为"普通人"——对所有事情都追求平均化。而事实上，高创造力意味着优秀，意味着跟别人不一样。

埃勒里·奎因在《九尾怪猫》中提到，人群恐惧、黑暗恐惧及失败恐惧之间存在密切的关系，就像许多人会因为害怕失败而选择不做许多事情。奎因用下面这段话描述了恐惧带来的群体性失控：

> 群体的无知侧重于恐慌和惧意。人们什么都怕，最怕的是与问题正面接触。所以，成千上万的人乐于委身传统构成的神奇高墙内，让领导者使用魔力、操纵神秘，挡在民众和未知恐惧之间。当这些祭师偶尔让人们失望时，人们便不得不亲自面对未知

的恐惧；当那些神奇的高墙一朝垮塌，在深坑边缘的人们吓呆了，并因为一丝风吹草动而疯狂，这有什么奇怪的呢？

　　普通人恐惧新事物，所以喜欢将自己锁在自以为舒适的壳中永不伸出触角，而少数高创造力者一旦认识到这种恐惧，便深入思考甚至灵活处之，继而创作出震撼人心的作品，如埃利奥特·阿伦森（Elliot Aronson）创作出了《社会性动物》，菲利普·津巴多[①]创作出了《路西法效应》等不朽作品。这些人与你我一样，随着大众成长起来，但最终他们却因各种机缘巧合影响了世界。

---

① 美国斯坦福大学心理学教授，当代知名心理学家。津巴多在他的《津巴多口述史》这本自传中，完整地追溯了他 50 年来的教学和研究历程，该书中文简体字版已由湛庐引进，浙江教育出版社出版。——编者注

测验：状态焦虑自测问卷

以下是人们常用来描述自己的一些陈述，仔细阅读每条陈述，结合自己最近一周内的感觉进行评分。答案没有对错之分，无须花过多时间在任何陈述上，但所评分值必须最符合自己的实际感觉。

评分规则：1分，完全没有；2分，有一些；3分，中等程度；4分，非常明显。题目1，2，5，8，10，11，15，16，19，20按反序评分。最后将分数累加，得分越高，说明状态焦虑水平越高。

1. 我感到心情平静；

2. 我感到安全；

3. 我感觉紧张；

4. 我感到束缚；

5. 我感到安逸；

6. 我感到心烦；

7. 我正在为某事烦恼，感到这种烦恼超过了可能的不幸；

8. 我感到满意；

9. 我感到害怕；

10. 我感到舒适；

11. 我有自信心；

12. 我感到神经过敏；

13. 我极度紧张不安；

14. 我优柔寡断；

15. 我很轻松；

16. 我感到心满意足；

17. 我很烦恼；

18. 我感到慌乱；

19. 我感到镇定；

20. 我感到愉快。

　　该问卷测量的是人的状态焦虑情况，主要反映人即刻或最近某一特定时间的恐惧、紧张、忧虑和神经质的体验或感受，可用来评估人在应激状况下的焦虑水平。

第 3 章

情绪智力：
社会性动物的生产力引擎

智慧有三果：一是思虑周到，二是言语得当，三是行为公正。

——德谟克利特

∞ 高情绪智力者更容易觉察到自己的感受并能将其与思想和行为进行整合，也因此更容易发现自己的兴趣和职业价值，从而做出最适合自己的职业选择。

∞ 情绪智力与压力感知呈负相关，即情绪智力越高的人，越不容易因为自己目前的状况感到压力。

∞ 提高情绪感知能力的方法主要包括冥想、关注自己的生理和情绪反应、理性接纳情绪等。

什么是情绪智力

本章将着重探讨在社会生存环境中格外重要的一种能力或特质，即情绪智力（Emotional Intelligence，EI）。首先，我们来探讨一下究竟什么是情绪智力。

情绪智力：一种社会生存中必要的能力或特质

情绪智力又称情绪能力、情感能力、情商，这个概念最初是由彼得·萨洛维（Peter Salovey）与约翰·迈耶（John Mayer）提出的，他们将其定义为"个体识别、监控自身情绪与情感以及区分他人情绪与情感，并利用情绪相关信息指导思维、行为的能力"。后来，他们又将定义修订为"情绪智力属于智力的一种，这种新定义的智力由传统的认知结构组成概念扩展到情绪方面，体现了情绪过程与认知过程相互影响、相互渗透、相互促进的特点，并将其概括成一种能力，包括识别自己及他人情绪的能力、利用情绪促进思维的能力、理解情绪和掌握情绪知识的能力、调节情绪以促进个人成长和人际关系的能力"。

也有一些学者将情绪智力视为一种特质（Neubauer & Freudenthaler，2005）。特质性情绪智力又称情绪效能感，指的是一个人对自己情绪能力的自信水平，是人格底层结构中与情绪自我感知相关的一系列特质的总和（Petrides, Piata, & Kokkinaki, 2007），它可以通过自我报告的问卷测得。

创造力实验室 ————————————

近年来，神经科学研究人员对情绪智力的大脑机制进行了探索。脑成像研究（Pan et al., 2014）证明了情绪感知和情绪调节的相对独立性。研究人员发现，与情绪智力有关的脑区是相互影响的，并形成了相应的网络，主要分为社会情绪加工网络与认知控制网络。前者包括梭状回、右侧眶额上回、左侧额下回与左侧顶下小叶，主要用于加工情绪活动；后者主要包括双侧前运动皮层、小脑以及左侧楔前叶，主要用于控制情绪。

也有研究人员（Tan & Howard-Jones, 2014）发现，情绪感知能力与脑岛和眶额叶的灰质体积呈正相关，情绪利用能力则与情绪记忆和语义连接相关脑区的灰质体积有关，如海马旁回和颞中回。

这些研究结果和我们的日常生活经验是一致的。例如，很多人可能有过这种经历，即先感知到了自己的愤怒情绪，然后采取一系列措施对其进行调节，这体现了情绪感知和情绪调节的相对独立性。而情绪利用能力，如演讲者在上台前通常会让自己保持适度兴奋状态，则和过往经历带来的成功后的喜悦感或失败后的羞愧感密切相关。也就是说，成功的演讲经历带来的积极情绪反馈，通常有助于人在之后的演讲中充分调动情绪，"续写"成功。

情绪智力的构成要素

约翰·迈耶等人（Mayer et al., 2008）认为，情绪智力主要由情绪感知、情绪理解、情绪管理与情绪运用 4 个维度构成，其中前 3 个维度之间存在递进关系，主要与情绪推理有关，而最后一个维度则与使用情绪来促进推理有关。

情绪感知

情绪感知能力包括快速觉察他人情绪以及自己情绪的能力，是情绪智力中最基础的部分（Mayer，Salover，& Caruso，2008）。如果没有情绪感知，那么情绪运用与情绪调节无异于在沙上建城，做的是无用功。因此，只有准确地觉察相关情绪，我们才能调节和运用情绪。通常，人们对他人愤怒情绪的觉察能力最强（Fox &Spector，2000）。

有研究发现，当一张愤怒面孔夹杂在一群快乐面孔中时，愤怒面孔很容易被识别；但当一张快乐面孔夹杂在一群愤怒面孔中时，快乐面孔很容易被忽略（Hansen & Hansen，1988）。而且，对愤怒面孔识别的优势效应在 5 个月大的婴儿身上就开始出现了（Schwartz et al.，1985），原因可能在于，愤怒可能会引发人的攻击行为，被人视为潜在威胁。在漫长的进化史中，人类形成了对威胁快速反应的偏好，以确保自己及亲属的安全。

一部分人的镜像神经元可能先天就比其他人更发达一些，因此他们的情绪感知能力更好。但在一般情况下，多数人在儿童时期就已发展出了较好的识别他人情绪的本能，他们由此可以确定应该趋近还是远离某些人或事物，以保证自己的生存。

言行一致的高情商抚养者（主要是母亲）更有可能使孩子保持这种天分，孩子成年后仍然拥有较好（甚至更好）的感知他人情绪的能力。但由矛盾型抚养者养育的孩子，可能会因为自己感知到的信息与父母所传达的信息存在混淆而产生困惑，从而对自己的感知产生怀疑，无法接受自己的本能判断，以致感知和识别他人情绪的本能用进废退，并在成长中逐渐变得越来越不敏感。

从这个角度来看，父母主动学习、主动改变以及学习与孩子正确沟通的方法有助于提升孩子的情绪智力。而对情绪感知来说，人可以通过与自身进行交流来重拾失去的本能。

情绪理解

情绪理解能力的高低与人对自己情绪及他人情绪的产生原因等相关知识的掌握程度有关。理解情绪产生的原因及何种行为可能导致何种情绪，有助于提高人的适应能力。

例如，一个人如果不恰当地"问候"他人的母亲及其祖先，这个人就可能成为被他人攻击的对象。所以在正常情况下，人一般不会做出侮辱他人的行为。

情绪管理

情绪管理能力指的是管理情绪以促进自我提升及人际关系的能力，这种能力一般会随着人的成长而发展。2 岁以下的婴儿一般只有简单的自我抚慰，之后随着言语、动作和认知能力的发展，他们的情绪管理能力会不断提升（Goleman，Boyatzis，& McKee，2002）。

情绪是一种心理现象，时刻都在变化。情绪管理是建立在了解自己情绪的基础上的。比如，运动员知道哪种情绪最有利于自己发挥出最高水平，艺术家可以调控自己的情绪以产生最大的创造力。在这个阶段，情绪成了一种工具，如果我们能自如运用它，它不仅不会困扰我们，还有益于我们的生活和工作。近年来，"微表情"相关话题一直很火，而对短时间内（几毫秒到几十毫秒）情绪的觉察与控制有利于提高人的适应能力。

CREATIVITY

"智商低的人总喜欢指责聪明人情商低"

"智商低的人总喜欢指责聪明人情商低"是一个笑话，实际上，如果一个人的智力与认知创造力水平都比较高，一般情况下，他自然会更开放、更宽容。通常，高创造者可以快速地找到自己与他人的共同点。这样的人更有可能拥有较高的社会经济地位、较广泛的人脉与更丰富的人生阅历。

一方面，阅历可以磨砺并提高人的情商；另一方面，阅历也可以促进高智商与高情商的良性循环。这类似于智商与创造力的关系——虽然智商超过 116 后，它与创造力就不再有显著关联（Andreasen，2011），但对智力不太高的人来说，越聪明，越有创造力。

就像没有人生来就会说话，贝多芬也并非生来就是音乐家一样，以上几种能力并不是天生就有的，而是靠后天慢慢习得的。而且，它们都可以通过学习与训练来提高。

情绪运用

约翰·迈耶等人认为，情绪运用主要是指运用情绪来提升自己的思维品质。情绪有助于我们聚焦当下、关注情境变化，最终产生更具有针对性和灵活性的思维。

例如，当一个人去医院看望出车祸的朋友时，他首先会观察朋友及其家人的情绪反应。如果朋友及其家人都满脸焦虑，这暗示了车祸的严重性，那么他会关注朋友的安危，也会产生和朋友的家人交谈、了解其感受以及想办法解决问题的动机。

CREATIVITY

正确表达真情更有可能带来圆满的结局

许多时候，在人际交往中，因为个人能力或环境等原因，朝夕相处的朋友或恋人并不一定总能理解对方的真实想法。通常，善于表达悲伤、不满等情绪的人比永远只说"你说好就好"的人更擅长人际交往，从而在生存斗争中占得优势。

　　大量研究表明，在亲属关系及朋友关系中，良性的自我表达对人的身心健康具有促进作用，且可用来预测人在 10 年后的健康水平。具体来说，表达出自己的真情实感可以使人头脑更清晰、身体更健康，而"过于理性以及压抑的情感"是造成人死亡的重要因素。

　　在处理亲情、友情、爱情等人际关系时，如果一个人一直在思考"对方怎么还不明白"等问题，他自然会感到疲惫、受伤，最终难免感叹"爱一个人，好难！"，而且他也会一直想不明白"难"的根本原因是什么。如果他能表达出来，等对方明白后，那么双方的误会可能瞬间化解，他对自己及对方的理解也会更加深刻。

情绪智力的 5 种测量工具

　　对情绪智力的测量主要包括情绪智力商数，简称情商，而对情商进行计算的前提是人类的情绪相关能力呈钟形曲线分布。目前，智商及情商等测验主要用以 100 为平均数、以 15 为标准差的离差智商来表示。按照这个标准，得分在 80 ~ 120 的人约占人群总数的 80%，高于 120 与低于 80 的人都各占约 10%。

　　目前，常用的情绪智力测量工具主要有两种：一种是把情绪智力当作一种稳定的特质，通过自我报告的方式来测量，如以色列心理学家鲁文·巴昂（Reuven Bar-On）编制的情商量表（Emotional Quotient Inventory，EQ-i），妮古拉·舒特（Nicola Schutte）编制的情绪智力量表（Emotional Intelligence Scale，EIS）及黄炽森（Chi-Sum Wong）和罗胜强（Kenneth S. Law）等人编制的情绪智力量表（Wong and Law Emotional Intelligece Scale，WLEIS）等。

另一种是把情绪智力当作一种可量化的能力，用解决问题的方式来测量，如约翰·迈耶等人编制的 M-S-C 情绪智力测验（Mayer-Salovey-Caruso Emotional Intelligence Test，MSCEIT）。此外，也有学者会在研究中使用情绪智力内隐测验，主要是因为其施测比较简单。

巴昂情商量表

巴昂提出了五因素情绪智力理论，他认为情商是"一系列影响个人成功应对环境需求和压力的非认知能力、机能以及胜任力"。巴昂情商量表是世界上第一个标准化情商量表，有儿童版、少年版、成人版 3 个版本，其中成人版有 132 个题目，每个题目都是 5 点计分，包括 5 个维度、15 个分量表及乐观印象与悲观印象两个效度量表（Bar-On，1997）。5 个维度分别如下：

> 个体内部成分：包括情绪自我觉察、自信、自我尊重、自我实现、独立性。个体内部成分得分高的人擅长与自己的身体和谐共处。
> 人际成分：包括共情、社会责任感、人际关系。人际成分得分高的人更像社会公民，也可以将其理解为"八面玲珑"。
> 压力管理成分：包括对冲动的控制。压力管理成分得分高

的人经得住诱惑，在压力或其他强烈情绪下不易冲动，也不易失态。

　　适应性成分：包括现实检验、问题解决与灵活性。适应性成分得分高的人擅长正视现实，能从现实出发灵活解决问题。

　　一般心境成分：包括幸福感与乐观主义。一般心境成分得分高的人幸福感强，他们即使在逆境中也能保持乐观态度。

　　该量表的不足之处在于，一方面，其测量的内容主要指向人格，因此测量的并不完全是情绪智力；另一方面，其自评式的作答方式容易使结果受到被试反应倾向的影响。此外，该量表的题量较大，被试在测量过程中容易疲倦，且在后半段测量过程中可能难以专注作答，导致问卷可信度下降。

情绪智力量表（EIS）

　　情绪智力量表（EIS）是自陈问卷[①]，其理论基础是迈耶和萨洛维的情绪智力模型，并于 2002 年译制出中文版。此量表由 4 个维度构成：情绪运用、自我情绪调控、情绪感知、他人情绪调控，采用的是 5 点计分的方式。该量表因为题目少（33 个题目）而广受中国研究人员的青睐。

　　在该量表中得分高的人通常更加积极，擅长冲动克制、自我监控及情绪表达，他们在遭遇意外后恢复得较快，产生情感障碍或抑郁的可能性较低，也更善解人意（Schutte et al.，1998）。

---

① 被试根据题目所述是否符合自己的真实情况来选答的一种心理测验量表。——编者注

情绪智力量表（WLEIS）

黄炽森和罗胜强使用情绪智力量表（WLEIS）发现，领导和下属的情绪智力在某种程度上与工作业绩呈正相关。该量表也得到了广泛的应用，原因可能在于其简短而全面，包括自我情绪觉察、情绪管理、情绪利用、他人情绪觉察4个维度，共16个题目。

罗胜强等人（Law et al., 2004）验证了该量表的有效性，并证明情绪智力与人格和认知之间存在相关性。该量表同样是根据迈耶和萨洛维的情绪智力模型编制而成。罗胜强等人表示，情绪智力的能力测验可能比自我报告类型的测验更有效。

M-S-C 情绪智力测验

M-S-C 情绪智力测验与前面的几个量表不同，其特别之处在于，它类似于智力测验，通过测量被试完成任务的成绩来衡量其情绪智力，涉及情绪智力模型中的4种能力，即情绪感知、情绪促进、情绪理解、情绪控制。该测验由141个题目组成，适用于17岁以上的人群，采用整体评分和专家评分两种方式，目的在于评测被试执行任务、解决情绪问题的能力，是不依赖被试对自身情绪能力主观报告而进行的评估。

M-S-C 情绪智力测验的计分方式包括4个子维度得分以及总分，这5项分数之间存在较高的相关性，最终成绩以目前普遍采用的情商来表示。M-S-C 情绪智力测验的成绩与人在日常生活中表现出来的心理与精神健康、社会功能、学业成绩与工作绩效都呈现出较好的正向关联（Mayer et al.，2003；Ashkanasy & Daus，2005；Brackett et al.，2011；O'Boyle et al.，2011）。

情绪智力内隐测验

情绪智力内隐测验简单易行，虽然它无法直接测量情商，但其结果与情商的相关性较高，有一定的借鉴意义。该测验只有 4 个题目，其中 2 个涉及情绪智力增长观，即"不管你目前的情绪智力水平如何，都可以在很大程度上去改变它"与"你总可以改变自己的情绪智力水平"；另外 2 个涉及情绪智力实体观，即"你可以学习新知识，但不可能真正地改变自己的基本情绪智力水平"与"情绪智力是你的一种个人特征，你无法对其做出太大的改变"。该测验使用 7 点计分的方式，并对增长观与实体观进行反向计分。

情绪智力如何影响职业成就

正如本章标题所指出的，情绪智力可谓人这一社会性动物的生产力引擎之一。它在很大程度上为人的生产力做出了巨大贡献，但不可忽视的是，它也会不可避免地在某些情况下起反作用，因此不可一概而论。接下来我们就进行具体的探讨。

情绪智力与人生规划水平呈正相关

高情绪智力者对自己的情绪感知更好，更有可能将情绪经验与思维、行为进行整合，从而进行更好的职业生涯探索，并做出更好的决策（Emmerling & Cherniss，2003）。

创造力实验室 ——————————————————————

研究人员（Young，1996）认为，职业是建立在日常行为的基础上的，而人每时每刻的情绪都在某种程度上决定或影响着人的动机和需要。同时，研究人员推断出了情绪在职业规划中所起的3种重要作用：情绪是行为的动机；行为根据情绪的变化而变化；情绪促进人对职业道路的叙述。由此可见，情绪在职业发展和职业选择中扮演着重要角色（Caruso & Wolfe，2001；Kidd，1998）。

高情绪智力者通常更容易觉察到自己的感受并能将其与思想和行为进行整合，因此他们也更容易发现自己的兴趣和职业价值，并做出最适合自己的职业选择。

迪·法维奥（Di Fabio）等人的一系列研究指出，情绪智力会对职业选择产生影响。他们发现，情绪智力低的人对自己及对职业中将遇到的困难都缺乏足够的意识，也更容易出现职业选择困难；而经过情绪智力训练后的高中生不仅提高了自己的情绪智力，且其职业选择困难和犹豫不决的情况也减少了（Fabio，Palazzeschi，& Bar-On，2012）。

因此我们不难理解，只有当学生在做事时感觉到兴奋或快乐，也就是发现自己的兴趣所在，并将情绪体验与自己已有的知识或技能相结合时，他们才会对未来的职业规划更加清晰，即知道自己能做什么、擅长做什么、喜欢做什么，这样阻碍就会减少，也能避免犹豫不决。

情绪智力对不同工种的影响可谓南橘北枳

部分研究人员（Joseph & Newman，2010）虽然认同情绪智力在一定程度上能促进工作绩效，但他们也认为，不是每种工作都需要较高的情绪智力，因此，他们根据"脑力劳动""体力劳动"等概念提出了"情绪力劳动"的概念。他们认为，类似客服等工作对情绪自控力要求较高，属于"高情绪力劳动"，而许多技术领域的工作并不需要员工与外界有太多的交流，也不需要员工刻意调整情绪，这样的工作被认为是"低情绪力劳动"。

他们在"情绪－绩效瀑布模型"（见图 3-1）中计算每种影响关系的决定因素时，将是否需要情绪力劳动分开考量，结果发现，尽责性对工作绩效虽然起积极作用，但其影响程度在不同工种中存在差异：低情绪力劳动受尽责性的影响相对较大。此外，他们还发现，情绪调控能力对两类工种的工作绩效产生的影响相反：情绪调控能力高的人在高情绪力劳动中的成绩较好，在低情绪力劳动中的成绩则较差。

其原因可能在于，这些人对情绪的加工占用了认知资源，分配在专业问题上的心理资源会减少，从而影响了工作绩效。例如，对少数极客级别的"程序猿"来说，一心只考虑自己手中的代码，只分配极少精力来处理人际关系，更可能取得突破性成就。

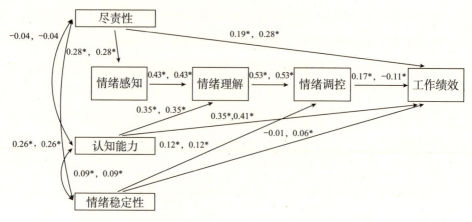

图 3-1　情绪－绩效瀑布模型
每一个箭头上共同出现的两个数字中，前一个代表高情绪力劳动中某
因素对另一因素的相关系数，后一个代表低情绪力劳动中某因素对另
一因素的相关系数；正值代表正向相关，负值代表负向相关；* 代表
在统计意义上相关性显著。
*P < 0.05
资料来源：Joseph & Newman，2010。

　　由图 3-1 可知，情绪调控能力并不总能提升工作绩效，而认知能力
是影响情绪理解与工作绩效的重要因素，其意义要比人们常说的责任心更
重要。情绪稳定性对工作绩效几乎没有影响；在诗歌、音乐与绘画等领
域，情绪变化更可能是引发创造性灵感的重要因素。

情绪智力与压力感知呈负相关

　　压力感知与个体幸福感（Sugiura，Shinada，& Kawaguchi，2005）、
无力感（Phölmann et al.，2005）以及抑郁（Rosal et al.，1997）等身心问
题有关，且一直是心理学家关注的主题。

研究人员（Pau et al.，2007）曾对来自英国、希腊、罗马尼亚、南非、澳大利亚、美国及马来西亚等 7 个国家的 9 所学校的牙医专业大一学生进行了研究，结果发现，这些学生的压力感知与情绪智力呈明显的负相关，即学生的情绪智力越低，越容易因自己目前的状况产生压力。此外，研究人员通过跨文化研究发现，这种关联虽然会受文化影响，但影响并不大。

他们在论文中指出，情绪智力可以预测压力感知，原因首先在于高情绪智力者能更好地应对压力事件；其次，对许多职业（如牙医）来说，情绪智力原本就是职业基本素养的重要组分，因为职业基本素养不仅包括职业知识技能，还包括了职业信念和职业行为习惯。而且，也只有具备了一定的情绪智力，人才能更好地解决职业中的各种问题。反过来，通过改变情境压力及人对压力的认知，也可以使人的情绪智力发生状态性变化。

例如，在课堂上，有的同学不敢举手发言，他们会认为当众表达是一种压力事件。但如果他们得到了老师的鼓励、同学的赞赏，他们就可能将当众表达看作一个讨论问题的好机会，从而减轻内心压力，他们将来举手发言的可能性会大大增加。

情绪智力对创造力的重要作用

创造力与创新行为一般与评估和解决复杂问题的能力有关，且对理性思维及情绪能力的要求都比较高（Hess，2014）。

提升创造性思维能力

从迈耶和萨洛维对情绪智力的定义来看，利用情绪促进创造性思维是情绪智力的一个重要维度。后来，有研究证明，高情绪智力者更有可能有较高的创造力（Sánchez-Ruiz et al.，2011）。例如，有研究人员（Carmeli et al.，2014）对 3 家公司员工在实际工作情境中的真实行为进行研究后发现，高情绪智力者更慷慨，这种慷慨使他们富有一种随时帮助他人的精神活力，最终促使他们产生创造性行为。

举例来说，高情绪智力者可能会自然而然地关注正在遭遇不幸的儿童，并尽己所能地提供帮助（慷慨）。这会使他们越来越多（活力）地关注儿童不幸的来源并发现能更有效率且更好地帮助更多儿童的途径。最终，他们会对社会根源、父母的社会经济地位、健康状况、教养方式、学校教育、地区发展差异等各方面的问题进行深入思索，进而可能想出一系列帮助儿童的方法。比如：

- 筹集资金建造更多的学校；

- 研究更好的儿童教育方法；

- 参与或设法促进教育改革；

- 提高教师收入水平及教师在社会中的实际地位；

- 赞助师范学校，提高师范学校的科研及教育水平，吸引更好的师资；

- 开办家庭学校，对不同阶层的父母进行收费教育或免费教育；

- 宣传优生优育、适龄生育；

- 大力推广性教育，以便更多的人了解健康的性知识及正确的
  避孕方式，从而减少因意外怀孕导致早婚或早育的可能性。

由上文可以看出，源自简单的"要帮助儿童"这一善意的情绪推动可以促成大量发散性想法的产生；而当想法足够多时，令人惊奇的创造性想法也会随之出现。基于某种情绪的深刻逻辑，创造性人才可以将常人平时不可能主动思索且难以轻易认可的"离经叛道"的行为做成大善。

有研究表明，情绪智力不但有助于提升自身的创造力，还能激发他人的创造力，如高情绪智力的领导更善于激发员工的创造力（Rego et al.，2007；Zhou & George，2003）。研究人员认为，领导可以通过以下 5 种途径帮助唤醒员工的创造力：鉴别、信息收集、想法产生、想法评估和修正以及想法执行。

调节创造力与精神疾病的关系

大众对高创造力者存在一种印象，即高创造力者的情绪智力较低或患有精神疾病。这也许是人们对一些广为人知的艺术家（如凡·高）或影视剧中能力高但情绪智力低的角色（如《生活大爆炸》中的"谢耳朵"）的刻板印象。

尽管有学者认为，情绪智力与创造力高低并没有关系，但两者之间的确存在显著的正相关关系（Ivcevic et al.，2007）。斯蒂芬·J. 瓜斯特罗（Stephen J. Guastello）等人认为，情绪智力可以调节创造力和精神疾病之间的关系。也就是说，精神异常在某种程度上会促进人进行创作，而情绪

智力可以缓冲精神异常带来的不利影响。

情绪智力和创造力都属于人类的高级技能，对个体和社会都有积极意义。不过，目前人们对二者之间的关系仍存争议。

如何科学高效地提升情绪智力

由前文可知，情绪感知能力是情绪智力的基石。所以，想要提高情绪智力，人首先必须加强情绪感知能力，在此基础上，才有可能对情绪进行调节和利用。普遍认为提高情绪感知能力的方法主要包括冥想、关注自己的生理和情绪反应、理性接纳情绪等。具体来说，我们可以从以下角度来提高情绪感知能力，从而有效提升情绪智力。

旁观自己的情绪

你是否偶尔遇到这样一种时刻，即觉得自己的脑海中"有两个小人儿总是打架"？如果有，那么以下这条建议可能对你很有用：时刻训练那个理性"小人儿"，使他掌控全局，这样你的生命将不会有许多遗憾。

许多人会在不知不觉中成为情绪的奴隶。对此，你要试着让大脑中的理性"小人儿"更强大，让他一直"俯视"着你：不仅能捕捉到你的每一丝表情变化，还可以看到你所有的生理反应。然后他会尝试从他的角度看自己："我在想什么？我现在的情绪感受如何？我出现了哪些生理反应（可以摸摸自己的脉搏或测测体温）？是什么事情触动了情绪的开关？"同时，感受情绪从开始到爆发，再到消退的全过程。

我们都是社会性动物，容易受同学、老师、上级、同事及亲人的影响，如果不自察，就会轻易地成为他人情绪的奴隶，并导致群体情绪失控。例如，某天，一个心情不好的朋友随口问你一件事情，你却回复道："你能好好说话吗？"这就可能导致对方十分愤怒。

在自控能力不强的情况下，我们容易把自己的情绪投射到他人身上。所以在情绪低落时，我们可以选择写日记，这样既可以发泄情绪，也不会伤害他人。写日记时，我们不会压抑自己的情绪，会随其自然流动，同时还能感受情绪的生命力。越压抑情绪，它越可能如石下的小树苗一样生根、发芽，最终生出破坏大石的力量。因此，可以通过写日记让情绪自然流动，并分析它缘起何处、失控在何处以及"我"的感受如何；同时，允许自己拥有这种感受，不对抗它。我们会发现，情绪的生命力本是"我"的生命力，原来我是如此生机勃勃、充满希望……这也是冥想改善情绪的原理之一（Schutte et al.，2011）。

因此，在教育过程中，学校应该开设相关的情绪调节课程，并教授情绪调节方法，以促进学生对情绪智力的建设。

觉得不快乐？别太着急回到"常态"

在感染细菌或病毒后，人们容易发热；亲人逝世、离婚等不幸之事以及结婚、怀孕、生子等看似幸福之事，都会让人产生状态焦虑。发热时，人们会产生"热"的感觉；焦虑时，人们常用"火急火燎"来形容自己——许多时候，言语的相通意味着内在关联的存在。

从医学角度来看，经常使用药物来快速退热并不利于身体健康，例如，退热药可能导致水痘、感冒等小病的病程延长一天甚至更久（Doran，1989；Graham et al.，1990）。补铁不当可能会降低老弱人群的免疫力（Weinberg，1984）。

许多时候，小伤小痛确实会促进健康。运动员练肌肉就是利用了"过度补偿机制"，即每次训练时，将肌肉、骨骼等锻炼到受轻伤的程度，身体在修复时会变得更强健，以预防类似情况再次发生。结果，这种"小伤"造就了一个个运动奇迹。

感情也同理。许多恋人分手后可能会急着找人倾诉，或暴饮暴食、疯狂购物，以便让自己暂时忘却伤痛，还有人可能会立即投入一段新恋情。结果，这让自己内心强大的"巨人"完全使不上力。实际上，如果他们在分手后接受痛苦并倾听自己内心的声音，就会更理解自己，从而获得成长。就像人的身体生病以后会经过一个自愈的过程，自愈后，人的免疫力会得到提升，情绪也是同样的道理。

幸福是一种适应的能力。打个比方，有些人即使住进 200 平方米的大房子里，他们仍然有"能耐"将屋子塞得满满当当，然后大呼："为什么我穷得连个 300 平方米的房子都买不起？！"而也有一些人即使住在 20 平方米的小房子里，他们也能将屋子收拾得相对宽敞，甚至可以随时在屋里翩翩起舞。

经常反思自己的行为

外显行为是情绪的重要组成部分。事实上，按本能行事、情绪"一点就着"的人不可能是高情绪智力者。本能的来源其实就是人的生物性及集体无意识。要想超越本能，人需要一种习惯性的"我不要从众、不要跟别人一样犯错"的心态，而对"我现在的行为是从众行为吗？"这一问题的思考，本质上就是一种"格物致知"的精神。

对自身行为方式及生理反应模式的反思，不仅有助于我们更好地理解自己并做出明智的决策，还可能在一定程度上影响我们的生理反应模式。掌控情绪、做情绪主人的第一步，就是理解情绪、理解自我、理解他人。因此，在孩子的成长过程中，父母要重视孩子对自身情绪体验的表达，告诉他们情绪感受很重要，还要帮助他们对自身情绪进行反思。

如果人缺少智慧，那么爱可能成为伤害。许多时候，我们因为他人的做法不符合自己的预期而惊惶失措甚至雷霆大怒，如孩子不听话或朋友未能兑现承诺。许多人因为无法控制自己关心的人而每天被诸多情绪困扰，却一直不明白原因。有的人持"不应该考虑控制恋人情绪"的观点，他们可能认为，"既然大家都是成年人，那就该为自己的选择负责。如果恋人有了不良情绪，就该他们本人负责，慢慢地接纳自己的情绪"。

《影响力（全新升级版）》[①]告诉我们，像暴君一样用言语控制他人的人，只会被自己的戾气反噬，最终伤人伤己。不过，这并不意味着我们

---

① 美国著名社会心理学家、全球知名说服力研究权威罗伯特·西奥迪尼的经典之作，风靡全球，影响深远。该书中文简体字版已由湛庐引进，北京联合出版公司出版。——编者注

完全无法影响他人。例如，当恋人愤怒时，我们可以保持冷静，帮助他一起找出问题及解决方法，在他快失控时给予他拥抱并用恰当的语气说一句"我愿意与你一起承担"，这样一来，他很可能会以更健康的方式发泄愤怒，比如哭泣。事实上，在真正的恋爱关系中，存在 1 + 1 远远大于 2 的魔力——当一个人的心中充满阳光，对身边所有人微笑时，他将从他人身上得到更多的阳光与幸福。

以发展的眼光看待情绪智力

有人认为智力及情绪智力是先天决定的，也有人认为它们是后天形成的，由此我们可以将人的能力观分成两类：能力实体观与能力增长观。持能力实体观的人倾向于认为智力与情绪智力更多的是由先天决定的，难以改变。持能力增长观的人认为，通过学习与行为训练，智力与情绪智力都存在提升的可能（Dweck & Leggett，1988）。

持能力实体观的人主要关注"如何才能比别人更好"，但他们不相信努力的价值，结果可能会出现逃避行为。他们可能会以能力比较差的人为参照，以此来获得一种不真实的满足感；或者与能力较强的人进行比较，得出"我就是不行"的结论，最终自暴自弃。

一般来说，持能力增长观的人在智力及情绪智力方面的表现比持能力实体观的人更好，比如在学业成绩、心理健康水平、幸福感及情绪智力水平等方面（Dweck，2012；Cabello & Fernández-Berrocal，2015）。持能力增长观的人更有可能用重新评估等方法来调节自己的情绪，更多地关注"如何才能让以后的自己比现在的自己更好"。如果是学生，他们会对学习与自我提升感兴趣，面对考试时，他们更多地关注"我还有哪个知识点没有掌握"，而非"这样足以让我的成绩达到优秀或比同学好很多"，而且，他们会视困境为学习进步的机会而非潜在危险，且体验到的消极情绪也少（Tamir et al.，2007；Burnette et al.，2013；Dweck，1999）。

∞ ——————————————————————

CREATIVITY

痛苦不是因为想得太多，而是"想得多，读书少"

曾有这样一句话："你的问题主要在于读书太少而想得太多。"

面对自己不熟悉的问题时，有些人可能会认为"一切都是靠运气"或"努力没有用"，也可能会认为"这都是我自己的错"，继而对自己要求过高，导致心理压力过大。

心理咨询的认知学派认为，人们常见的错误认知包括以下3种：第一，绝对化，比如认为"母亲做的一切事情都是为了我好""我应当无条件地服从母亲""只要我爱她，她就该以爱来回报我"；第二，糟糕至极，比如认为"如果离婚，我就没法活了""如果失去了孩子，我的世界将再没有阳光"等；第三，过分概括，比如认为"老师都是好人""男人没一个好东西""我就是个没用的人"等（Ellis，1973）。

这些错误认知会使人在实际生活中遭遇许多情绪问题，而通过读万卷书、行万里路等方式，绝对化的错误认知会越来越少。比如，曾经认为"北方人都很粗鲁"的人，真正到北方生活一段时间之后会发现，"原来北方人也是各有差异的，其中许多人的心思比南方人还细腻"。再进一步观察会发现，每个人身上都有内向和外向的一面，每个群体中都有擅长掌握全局或擅长处理细节的人，这样才能让团队处理问题的能力最大化。

每个人的存在都是有价值的，科学家不比蓝领工人高尚，内向的人也未必当不了领导。当一个人可以从更多的维度看待问题，他自然会变得更加平和，他的消极情绪会减少，安慰他人的能力也会得到提高。

从个体生存的角度来看，永远"不想太多"很容易带来生存问题，而只想问题却不考虑问题如何解决将使人陷入痛苦的泥潭无法自拔。由此看来，多思考和多读书以及多和优秀的人探讨问题解决方法，是获取幸福的有效途径。

及时寻求社会支持

研究发现，高情绪智力与积极的社会互动有关（Brackett & Mayer，2003）。一方面，高情绪智力者擅长处理人际关系；另一方面，社会互动过程本身会提升人对自己及他人的认知，并促使其在成为高情绪智力人才的路上不断迈进。

心理咨询是一种非常好的获取社会支持的方法。许多学校都会为学生提供免费的心理咨询。需要注意的一点是：并不是"心理有病"才需要进行心理咨询。任何时候，只要我们觉得紧张、郁闷、恐惧、心神不宁甚至开心，需要分享而想找人倾诉时，都可以考虑找心理咨询师，最终获得的心理成长往往超出我们的想象。

无论在哪个年代、哪种文化中，亏欠别人总会让人很难受，因为人会一直惦记着，在偿还完之前，甚至与对方见面都会觉得自己抬不起头来。所以，要面子的人喜欢"打肿脸充胖子"，不到万不得已，决不向他人求助；即使求助于人，他们也会努力尽快偿还。

但是，人生总有低谷。在遇到困难时，如果我们大胆地接受他人的帮助，不苛求自己必须尽快偿还，多给自己一些缓冲或调节时间，那么我们完全可以用更好的方式去回报。即使一些恩情因为对方出现意外而无法偿还，在渡过困境后，我们完全可以努力将抽象的善意及具象的金钱等回报给对方的亲属甚至其他需要帮助的陌生人。

世界需要更多这样的回报者。

放慢生活节奏

很多时候，幸福是一种不受外物影响的能力，而非问题解决之后才能实现的事情。心理学家发现，当收入达到一定水平之后，人的幸福感与收入就不再有关联。一个人一生的幸福水平总体上不会有太大的变化，即拥有幸福能力的人几乎在任何情境下都能让自己幸福，而那些总是想着"今天痛苦，明天就会好起来"或"我承受了这么多，生活应当回报我"的人，很难得到自己期望的幸福（Gilbert，2009）。**拥有较高情绪智力的人在最恶劣的环境下也能保持较高的幸福感。**

生命中总会有突发事件。如果我们缺少对这个事实的认知，没有努力把控自己当下的意识，那么我们永远只会原地踏步，无法前进。如果我们能按类似以下这种模式来思考，可能一切会变得更美好：无论住得多么简陋，都要收拾得舒舒服服；无论父母多么不懂自己，都要想办法让自己活得更自在；无论当下的工作多忙，都要每天抽出些时间来读书……

有情绪时，最好闭嘴、闭眼，反省自己产生这种情绪的根源。就像任何事情的发展都会经历开始、发展、高潮、消退，情绪也一样。因此，在觉得自己快要失控时，闭上眼睛和嘴巴 30 秒，这足以使我们度过艰难的生理失控期，同时也能更加理解自己。如经常思考"为什么刚才我会失控？"，可以让我们更快地成为情绪的主人。

人在一生中，做好一件事情就足够了。澳大利亚的巴里·斯通（Barry Stone）在《隐修者》一书中讲了很多一生只做一件事情的人的故事。虽然隐修者们选择隐修这种生活方式的原因各有不同，其目的也未必都像后人宣扬的那样纯粹而美好，但对历史来说，这些人确实做好了一件事，并直接或间接地为后人留下了巨大的宝藏，让每一个寻宝者都能满载而归。

许多人的一生活得像"赶集"。英语中有句话叫"There's nothing like killing time, only time is permanently killing you"，大意是说，没有人真的可以消磨时间，只有无数被时间消磨得失去了理想与斗志的人。于是，很多人觉得时间不可浪费，便"赶啊赶"，以为匆忙的人生就有意义了。结果，回忆过往时，这些人仍然感觉空虚、迷惘。

其实，我们不如像当代诗人李元胜那样，"高大上"地虚度时光：看似虚度时光，本质上却是大智若愚：

> 比如靠在栏杆上，低头看水的镜子
> 直到所有被虚度的事物

在我们身后，长出薄薄的翅膀。

写出这样温柔的句子的男子，不可能是一个情绪智力低或容易情绪失控的粗野之人。他没有说"以后我要面朝大海，春暖花开"，他只是活在当下，欣赏当下的夕阳、当下的栏杆与眼前空气中飞舞的尘埃。

这不仅体现了人的情绪智力，也是幸福的本源，更是人类智慧的根本：意识到当下的存在，理解当下，接纳当下的一切纷扰。

情绪智力研究的未来

与创造力类似，关于情绪智力的研究也存在特质研究与状态研究两种取向。前者侧重研究人本身的情绪控制及运用能力，后者侧重研究人在具体事件中表现出来的情绪适应行为（Cole，Martin，& Dennis，2004）；前者对教育有指导意义，后者则主要为组织行为学的研究人员所关注，如研究工作场景中的人员分布、领导管理风格、办公室布置、开会方式等因素对人体现出来的情绪智力的影响。

创造力实验室

　　研究人员（Crombie et al.，2011）曾成功地对板球球员进行了干预实验，以提高其状态性情绪智力。还有研究人员（Kirk et al.，2011）通过表达性写作这一干预方式，成功地提升了企业环境下员工的情绪智力及自我效能感（认为"我是有用的，我的存在是有价值的"）。进行表达性写作时，人需要围绕某一创伤事件或压力事件记录自己的认识和产生的情感，这种写作有助于人们在头脑混乱时理清头绪，并找到事件的意义所在。也就是说，表达性写作能让人逐渐明白事情的前因后果，增强个人理解，提高自我接纳和调节水平，继而提升自己的情绪智力和自我效能感。

另外，在现实场景下用准实验的方法 (Nelis et al., 2011）也能提升被试的情绪智力，而这一提升促进了被试的生理健康、心理健康和人际关系，使得被试的工作能力也有所提升。

这类研究似乎表明，未来我们可以考虑通过某些干预方式或训练方法，在人的发展过程中挖掘其情绪智力潜能，并由此更有效地开发其创造力。

测验：情绪智力量表（WLEIS）

根据你的实际感受为以下 16 项描述评分，评分规则：1 分，非常不符合；2 分，比较不符合；3 分，有些不符合；4 分，不确定；5 分，有些符合；6 分，比较符合；7 分，非常符合。

1. 我通常能知道自己会有某些感受的原因；

2. 我很了解自己的情绪；

3. 我真的能明白自己的感受；

4. 我常常知道自己为什么开心或不开心；

5. 遇到困难时，我能控制自己的脾气；

6. 我很能控制自己的情绪；

7. 当我愤怒时，我通常能在很短的时间内冷静下来；

8. 我对自己的情绪有很强的控制能力；

9. 我通常能为自己制定目标并尽量完成这些目标；

10. 我经常对自己说，我是个有能力的人；

11. 我是个能鼓励自己的人；

12. 我经常鼓励自己要做到最好；

13. 我通常能从朋友的行为中猜到他们的情绪；

14. 我观察别人情绪的能力很强；

15. 我能很敏锐地洞悉别人的感受和情绪；

16. 我很了解身边的人的情绪。

该量表共 16 个题目，包括自我情绪评估与表达能力量表（第 1，2，3，4 题）、自我情绪管理能力量表（第 5，6，7，8 题）、情绪运用能力量表（第 9，10，11，12 题）、对他人情绪的识别和评估能力量表（第 13，14，15，16 题）。可计算总分或平均分，分值越高代表该方面的能力越强。

第 4 章

情绪创造力：
决定个人成就的关键指标

如果你对周围的任何事物都感到不舒服，那是你的感受所造成的，并非事物本身如此。借着感受的调整，可在任何时刻都振奋起来。

——马可·奥勒留

∞ 高情绪创造力者更可能对自己诚实，会积极面对自身的情绪，擅长理解情绪的成因，且更可能快速找到有创造力且有效的问题解决方法。

∞ 情绪创造力和人格特质类型有密切关联，且与大五人格模型中的开放性关联性最强。

∞ 不承认自己当前真实感受的人，往往与高情绪创造力绝缘。

什么是情绪创造力

在日常生活中，有效而恰当的情绪表达可以促进人际交流，帮助我们提高学习和工作效率，还可以在危急关头帮我们化解矛盾。例如，当演讲者在讲台上忘词时，如果他们巧妙且恰当地开个玩笑，同时伴以适当的情绪表达，如"卖个萌""装个傻""装酷"或笑一笑等，可能就会化解尴尬，甚至这一刻可能成为这场演讲被铭记的原因。在情绪体验和表达能力中，情绪创造力是一个比较新的概念。

情绪创造力研究小史

心理学对情绪及创造力的研究均已有很长的历史。1991 年，美国心理学家詹姆斯·埃夫里尔（James Averill）在社会情绪的社会建构理论发展基础上，创造性地提出"情绪创造力"（emotional creativity，EC）这一概念，并将之定义为"以新奇、有效而真诚的方式体验和表达情绪，以促成需要的满足及对环境的适应"（Averill & Thomas-Knowles，1991）。

不同的人对相同情境的体验存在差异。例如，初恋失败后，一些人想的是"嗯，初恋本来就是用来学习、体验与怀念的。在这段经历中，我第一次近距离地接触了同龄的异性，对'有情人千里共婵娟'有了感性的理解，真的很值了。下一次我将更用心地去爱，同时也会更理解对方"，他们体验到的是积极、乐观的情绪。而有一些人想的则是"唉，我那么爱他，没有他，我怎么活！以后我再也不可能像这样用心地去爱了！活着还有什么意义"，他们体验到的是消极、悲观的情绪。

不同的情绪体验在很大程度上会影响人未来看待事物的角度及处理问题的态度和方法。当积极、正面的情绪占了上风，人应对不同情境的能力会更强，在各类生存竞争中也更可能占得优势。

另外，不同的人对相同情绪的表达方式也存在差异。例如，同样是面对考试得满分这件事，有人直接大声嚷嚷，恨不得让天下人都知道；有人会把以前的习题本撕掉；有人会在其他同学面前炫耀一番；有人想到以前狠命备考的情景会悲喜交加；还有人怕伤到他人自尊而选择沉默不语，安安静静地"自嗨"……这些不同的表达方式体现的就是人在情绪创造力上的差异。

珍妮弗·古伯查尔（Jennifer Gutbezahl）和埃夫里尔发现，情绪创造力测验得分高的人往往更擅长使用创造性方法来表达情绪，且擅长把仁慈、恨意、冲突等矛盾情绪放在同一个场景中，并能找出富有创造性的解决问题的方法。

尽管情绪创造力这一概念的正式提出是在 1991 年，但在早期的创造力研究中，这一概念已经有了雏形。

奥地利心理学家奥托·兰克（Otto Rank）是早期将"创造性"概念应用于情绪发展领域的倡导者（Rank，1932）。美国心理学家 J. P. 吉尔福德等人设计的一系列用于测量创造力的问题解决任务中，已包含与混合情绪的表达能力相关的任务（Guilford，Hendricks & Hoepfner，1968）。美国心理学家舒拉·萨默斯（Shula Sommers）将认知创造力的方法类推至情绪领域，并提出"情绪范围"这一维度，即人在某一情境中能体验的情绪种类（Sommers，1981），类似于美国教育心理学家 E. P. 托兰斯（E. P. Torrance）提出的"流畅性"维度（Torrance，1974）。

通常来说，不同人的情绪创造力存在程度上的差异。一般水平的情绪创造力表现为仅对当前情境及文化中已存在的某些标准情绪的体验、表达与运用；高水平情绪创造力的人则能以独特的方式运用或修饰情绪，或将某种情绪应用到不寻常的情境之中；情绪创造力水平更高的人甚至能产生某种全新的、独特的情绪类型，使之超越当前的文化并突破环境限制（骆素萍等，2010；汤婧，2010）。

情绪创造力的 3 大特征

作为一种生存技能，情绪创造力具有新奇性、有效性和真实性 3 个重要特征（Averill，1999）。

首先，情绪创造力应当具备新奇性。新奇性是指人的情绪反应不同于自己往常的惯常反应，也不同于通常的社会预期，是情绪创造力的最根本特征。对新奇性进行评估时需要注意，一些情绪体验或表达对大众来说可能是常规反应，但对某些人来说，则可能是创造力的表现。

比如，做 20 个俯卧撑来表达自己的狂喜，这对成年人来说比较容易，但如果一名儿童也使用这样的方式，那么他就展现出了一定的情绪创造力。不过，如果一名成年人体验与表达其他情绪的方式与他人无异，只是每次感到快要失控时会采用"闭眼、低头 30 秒"这样的应对策略，虽然相对普通人的直接发泄而言，这种策略体现出了一定的创造力，但整体评估时，我们不能说此人具有较高的情绪创造力。

诗歌中的高情绪创造力表达

杜甫的"无边落木萧萧下，不尽长江滚滚来"这句诗没有一个情绪性词语，却将惆怅情绪表达到了极致，是高情绪创造力表达的典范。同时，这种惆怅还带有一种豪迈的味道，从某种意义上说，也属于创造性情绪体验。

与之相似，李白用一句"两岸猿声啼不住，轻舟已过万重山"对"喜悦"进行了创造性表达；岳飞的"怒发冲冠"比常人的咆哮显示出了更大的力量，亦是创造性表达情绪的典范；鲁迅先生通过小说来讽刺时弊，也属于较高级的情绪创造力表达。

其次，情绪创造力应该体现出有效性。这种独特的感受或表达方式必须具有生存适应层面的积极意义，即对个人或社会来说具有某种潜在或即时可见的益处（Averill，1991）。比如，在男女交往中，一方因被冷落而感到伤感时，如果哀伤流泪可以增加对方的关注度，促进双方互相理解与关心，那么这样的情绪表达是有效的；但如果这种方式令对方觉得更厌恶、更反感，且更想逃离，那么这样的情绪表达就是无效的。

对情绪有效性的判别用埃夫里尔的话说就是"同依赖于先见之明一样依赖于后见之明"，受重新评价的影响较大（骆素萍等，2010）。

例如，在应对孩子不做作业的问题时，虽然父母强迫孩子这种做法可能使孩子在短期内完成所有作业，但孩子可能会因此产生厌学情绪。长期来看，父母的强迫行为对孩子的成长并不能起到积极作用。

CREATIVITY

有效的情绪表达才能体现出情绪创造力

具有破坏性的情绪变化属于情绪障碍，有价值的情绪变化才是情绪创造力的研究范畴（Averill，1999）。举例来说，人际关系问题带来的强烈的厌世情绪可能导致自伤或伤人行为，这属于情绪障碍而非高情绪创造力的表现。

如果一个人能在伤心时写出类似"问君能有几多愁，恰似一江春水向东流"的佳句，或《红楼梦》中林黛玉的《葬花辞》那样的佳作，并在写完之后将作品与他人分享，一方面让他人体验到美学上的享受从而对这个人大为赞赏，另一方面让"伤人"者发现这个人很有才，是个非常值得珍惜的可爱之人，并因此回心转意，那这个人可能很快就会从消极情绪中走出来。

最后，情绪创造力应该体现出真实性。"真实"的意思是指，创造性情绪反应不仅是一种复制或模仿，还应反映人真实的世界观、价值观与信仰，表达出人在某一情境中真实的内心体验（Averill，1999）。否则，即使实现了情绪表达的结果，这种反应仍然是一种"对自己的不诚恳"。

高情绪创造力表达应该体现"真心"

上课遇到学生捣乱时，如果老师微笑着说"你这样捣乱让我很喜欢"，这种反应可能具有新奇性，因为有别于大多数老师在此种情境下的反应。同时，这种反应也可能具有有效性——学生可能因为觉得奇怪，不确定老师下一步会做什么，所以暂停自己的捣乱行为，或者单纯因为叛逆心理"我怎么可以做让你喜欢的事"而主动中止捣乱。但这种反应并不具备真实性，因为老师本质上是不喜欢学生捣乱的。

一种真实的高情绪创造力表达可能是"你都把我气乐了"。这种表达具有新奇性；也可能具有有效性，如学生"打哈哈"之后可能觉得老师很仗义或很幽默而不好意思继续捣乱；同时也具有真实性，因为老师成功地传达了"我在生气"这条重要的情绪信息。

埃夫里尔受到英国心理学家格雷厄姆·沃拉斯（Graham Wallas）的四阶段论[①]的影响，将准备性（preparedness）加入情绪创造力的评估标准中，并通过一系列实证研究发现有效性与真实性存在明显的相关性。

最终，他将情绪创造力的评估标准总结为以下 3 个指标：准备性、新奇性、有效 / 真实性。可以说，它们是更严格意义上的情绪创造力的3 大特征。

---

① 该理论认为创造力主要由准备期、酝酿期、启发期和验证期 4 个阶段构成。

测量情绪创造力的 3 种方法

测量情绪创造力的常用方法包括能力测验和自我评定两种，能力测验包括情绪推理测验、情绪三元组测验等，自我评定则常用情绪创造力问卷（Emotional Creativity Inventory，ECI）。

情绪推理测验

情绪推理测验测量的是人们对情绪相关事件可能结果的预测能力。其原理在于，面对某个情境时，人们预测结果的能力越强，当预测的结果到来之时就越不容易慌张，且越容易以适当的方式来解决问题。

情绪推理测验的测验题包括一系列带有明显情绪色彩的假想情境，如"如果人们每一天都爱上一个不同的人，将会发生什么？"，被试需要在限定时间内尽可能多地写出新奇的回答。

该测验的测量方法及评估方式与托兰斯创造性思维测验非常相似，一般要求被试使用纸笔作答，之后对作答结果进行人工评分。最终给出 3 个指标：流畅性（有效答案的数目）、新奇性（答案的新奇程度）及总分（骆素萍等，2010；栗玉波等，2011）。

情绪三元组测验

情绪三元组测验测量的是人对情绪复杂性及对自我的理解。其原理在于，人越能理解复杂情绪的矛盾与统一，就越有能力解构自身在现实场景中的复杂情绪。从某种意义上来说，从不同情绪角度分析自身及情境的能力，也是一种从不同维度应对事物的能力。

　　该测验多用纸笔方式来测量。研究人员向被试呈现 3 种不同的情绪，如平静、迷惑和冲动，然后要求被试想象并描述自己同时体验到这 3 种情绪的一种情境。该测验需要 3 位评分者使用一致性同感评估技术（consensual assessment technique，CAT）进行独立评分，之后取 3 个得分的均值作为被试的得分。该测验的评价指标包括新奇性、有效性及总分（骆素萍等，2010；栗玉波等，2011）。

CREATIVITY

情绪三元组测量方法示例

　　题目：人们在什么时候可以同时体验喜、怒、哀、恐、憎 5 种情绪？

　　答案：数钱数到自然醒时。

　　分析如下：

　　喜：美梦中喜悦的残留。

　　怒：（1）我怎么就醒了！（2）为什么我不是富翁！（3）为什么要有梦这种坑人的东西！（4）我怎么这么不争气？！

　　哀：（1）这是不是说我要穷一辈子了？（2）美梦结束，现在是该做噩梦了吗？（3）为什么我需要起床工作？（4）为什么我不可以活在《盗梦空间》中？

　　恐：（1）现在的我与梦中的我，哪一个才是真实的？有真正的"真实"吗？我是真实存在的吗？（2）我还没体验过真正的有钱人的生活呢……

憎：我讨厌这样天天为钱发愁的自己……

情绪创造力问卷

情绪创造力问卷是一种自陈问卷，总共 30 个题目，包含准备性、新奇性、有效／真实性 3 个维度，最终分别给出这 3 个维度的得分以及总分，共 4 个指标。

准备性维度测量的是人理解、探索自己及他人情绪的意愿，与大五人格模型中的开放性有一定的相似之处，如 "每当出现强烈的情绪反应时，我都会思考自己产生这种情绪的原因"。

新奇性维度测量的是人体验和表达不寻常情绪的倾向。研究人员（Lee，2009）发现，新奇可以分为新奇情绪体验与新奇情绪表达两个维度，前者如 "我喜欢主动寻找可能触发新奇情绪体验的音乐、舞蹈、工艺品"，后者如 "当身处情绪性情境时，我会努力做出与别人不同的反应"。

有效／真实性维度测量的是人坦诚而有技巧地表达自己情绪的倾向，如 "当我表达出情绪时，这一般会促进我与他人的关系"。

由上述几类测量方法可以看出，不同方法的测量指标略有差异，但新奇性是情绪创造力的核心和根本特征。在情绪创造力的个体差异上，不同个体之间除了存在水平差异，还存在结构差异。例如，虽然两个人的情绪创造力问卷总分可能相同，但其中一个人的新奇性水平可能高于常人，而其有效性水平一般，另一个人的新奇性水平可能与常人无异，而其情绪表达却有极高的有效性。

创造力实验室

古伯查尔和埃夫里尔曾做过这样的实验：他们找了两组被试，得到情绪创造力问卷得分后，请一组被试完成叙事任务，即先向被试描述一个情感挑战情境的背景，如向他们讲述如下的故事：有两个非常不喜欢对方的室友（主角），其中一个人的母亲自杀了，而另一个人在双方冲突似乎到了不可避免的程度时发现了这一点。这时候，被试需要站在主角的角度来续写故事，如把自己分别置于两个室友的立场上，然后描述自己可能会出现的情绪。

另一组被试在完成给定的图片任务后，需要用一些预先剪好的颜色、形状和大小均不同的纸制作出能表达3种不相容情绪的拼贴画，如表达喜悦、愤怒和绝望这3种情绪，而且被试要以拼贴画的形式表达这3种情绪，且尽量把这3种情绪结合成连贯的整体。

结果，情绪创造力问卷得分高的被试在两项任务中都获得了更好的成绩。也就是说，情绪创造力问卷得分高的被试在言语表达情绪和非言语表达情绪方面均表现出更高的创造力。

佛学讲求"一沙一世界"，俗话讲"以小见大"。在人际交往中，我们虽然不可能洞悉一个人的所有"历史"，但从对方的一些细节表现上，我们仍然可以窥见其广阔的内心世界。

为什么情绪创造力如此重要

通过上文可以看出，情绪创造力对个人及社会都有重要意义。

对个人来说，主动提升自身的情绪创造力不仅有助于提升人际关系的质量，还可以增强自己的独立性，降低被他人控制的可能性（Lim，1995）。这样的人在进行情绪调控时有能力顾及他人，同时也能保全自身，不会因盲目做"老好人"而陷入某些道德陷阱或人情陷阱。**此外，高情绪创造力者更可能对自己诚实，会积极面对自身的情绪，擅长理解情绪的成因，且更可能快速找到有创造力且有效的问题解决方法。**研究人员（Zarenezhad et al.，2013）发现，高情绪创造力者拥有较强的学业适应能力。

在群体及社会层面，情绪创造力有助于提升团队或组织内部的凝聚力。通过运用情绪技巧，可以快速调动大众情绪，达到快速、有效宣传产品或观点的效果，具体可参见西奥迪尼的《影响力（全新升级版）》。另外，与情绪创造力有关的诗歌、音乐、美术和舞蹈等作品，不仅是创作者及其所在地域与时代的重要财富，甚至对整个人类及社会也有深远的影响。

情绪创造力与情绪智力、述情障碍、认知创造力

一些高情绪智力者可能会使用同样的方法应对所有不良情绪。比如在

许多影视剧中，男主角会用"万年寒冰脸"来掩饰自己的所有情绪，让他人认为自己成熟稳重，从而让他人对自己产生敬意，最终在情场和职场都得意。不过，从创造力角度来说，这种"以不变应万变"的情绪表达缺少新奇性。反之，高情绪创造力者在面对同一情境时，能迅速想出多种表达方式并选出最合适的一种，这样的人一般都会体现出较高的情绪智力。

高情绪智力者常以相同的策略促成情绪相关问题的解决，高情绪创造力者则可能接受自己的消极情绪并通过它来产出创造性产品。

情绪创造力与情绪智力

情绪智力是人有意识地监测自己及他人情绪并运用这一信息指导自己的思维和行为的能力；情绪创造力则是以创造性的方式来感知与运用情绪的能力。由此可以看出，情绪智力和情绪创造力的关系与智力和创造力的关系类似，二者都是相对独立的。高创造力者的智力不会太低，但高智力未必意味着高创造力，情绪智力与情绪创造力的关系也是一样的道理。整体上来说，情绪智力需要的是针对情绪问题快速找到最优解的聚合能力，情绪创造力需要的则是"新"。

情绪创造力与情绪智力的相似之处主要包括以下几点：

- 二者都与人对自己及他人情绪的知觉和感受有关；
- 二者都存在相似的技巧、信念和方法，如以自我为中心或以他人为中心、关注自我宣泄或关注问题解决等。
- 二者都强调情绪反应的有效性，即结果都体现在人的生存适应能力上。

关于情绪创造力与情绪智力的区别，可见表 4-1。

表 4-1　情绪创造力与情绪智力的区别

	情绪创造力	情绪智力
表现形式	重点研究人在情境中的内部情绪，这种内部情绪可能以外显形式表现出来，也可能不为外人觉察	重点在于外在体现出的真实情绪策略，这种策略一般可为外界感知
构成成分	① 准备性 ② 新奇性 ③ 有效 / 真实性	① 准确地知觉和表达情绪 ② 运用情绪促进思维 ③ 准确理解和运用与情绪相关的知识 ④ 调节情绪以促进思维及智力发展
测量标准	① 情绪推理测验关注流畅性、新奇性和总分 ② 情绪三元组测验关注新奇性、有效性和总分 ③ 情绪创造力问卷关注准备性、新奇性、有效 / 真实性和总分	① M-S-C 情绪智力测验关注人对情绪智力的感知、促进、理解、控制 ② 情绪智力量表（WLEIS）关注情绪觉察、他人情绪评估、情绪运用及情绪管理
关注重点	① 人在同一情境下能想象出多少种可能的情绪策略并预知各种可能的结果 ② 超越性，即超越当前文化及当前多数人的期待，以某种独特、非常规的方式来表达及运用情绪的能力 ③ 复杂性与丰富程度	① 问题的最优解，即可以使用以不变应万变的一个或几个策略来解决所有问题 ② 在当前文化背景下使用某种标准的方式去体验及运用情绪的能力 ③ 情绪能力的"基本功"

资料来源：Averill，1999；Caruso，Mayer，& Salovey，2002；Wong & Law，2002。

情绪创造力与述情障碍

研究人员在认知创造力研究中发现了一种有趣的现象：许多高创造力者同时遭受着一些精神疾病的困扰。由此，一些心理学家开始研究情绪创造力与情绪障碍的关系。

由于情绪体验的新奇性，加上其"经验库"中缺乏足够的信息，高情绪创造力者可能会出现表达障碍等问题，在一些情况下，人们会将其与述情障碍（alexithymia）混淆。述情障碍是指，人无法正确识别或描述自己的情绪体验。从概念上可以发现，高情绪创造力者只会在表达特定的新异情绪体验时才会出现难以表述的问题，在多数情况下，他们对情绪的体验与表达能力均处于较高水平；相对而言，存在述情障碍的人则是在所有情况下均难以正确体验与表达情绪。

实证研究也一致表明，情绪创造力与述情障碍存在负相关。高情绪创造力者可能爱做白日梦，但不太可能存在述情障碍（Averill，1999；Fuchs et al.，2007）。一般认为，有述情障碍的人无法适当地表达情绪且缺少幻想，他们体验积极情绪的能力会降低或丧失，容易产生难以表述的消极情绪。这与情绪创造力强调的有效性存在本质的冲突——高情绪创造力意味着高适应能力，而述情障碍意味着人存在适应障碍。

情绪创造力与认知创造力

首先，情绪创造力与认知创造力有诸多区别，主要可见表 4-2。

表 4-2　情绪创造力与认知创造力的区别

	情绪创造力	认知创造力
定义	创造性地体验和表达情绪，通过处理和转变情绪体验及情绪问题，实现独特地使用和修饰情绪的目的	根据一定的目的，运用一切已知的信息，创造出某种新奇、有价值的产品的能力
指向对象	情绪处理能力	认知能力

续表

	情绪创造力	认知创造力
处理过程	受生理状况及潜意识影响较大 [1]	理性（逻辑思维）意识成分为主
产品	较为复杂的情绪体验或表达 [2]	主要以物质或思想等较为明确的方式表现出来

在经历意外触电时，人们第一时间会本能地躲闪，之后体验到恐惧情绪。在无生命威胁的前提下，有的人可能会产生情绪创造力反应："哈，我竟然被电了，真有趣！"有的人则可能会产生认知创造力行为，如思考"为什么我会被电？""怎样预防触电？""人们被电到后都会恐惧吗？"等问题，从而可能产生物质层面或思想层面的认知创造力产品，如富兰克林发明避雷针。

富兰克林认为避雷针是他一生中最重要的发明，但与他发明避雷针有关的著名的雷电风筝实验只是个美丽的谣传。后人通过实验证明，如果富兰克林真的主动与雷电亲密接触，那么他不可能活下来。目前，学界认为，富兰克林可能通过其他方式证明了雷电与电的统一性。

其次，情绪创造力与认知创造力有许多相同之处，主要包括：

- 二者的主体相同，都需要某一特定的人来感知并处理相关

---

[1] 如对"一朝被蛇咬，十年怕井绳"这种现象，所有人都可能对其进行认知角度的创造性想象，但真正被蛇咬过且确实存在蛇状物恐惧的人，无论他们在认知上对这一现象多么理解，只要他们遭遇相关情境，就很难表现出正常水平的情绪创造力。

[2] 复杂是因为情绪涉及生理反应、主观体验、外显表情及应对行为等多个方面，从某种意义上讲，就像"人不能两次踏进同一条河流"，不同的人在相同情境下会有不同的情绪体验，即使同一个人也很难两次体验到完全相同的情绪。

信息；

- 二者都受人的身心状态及过往经验的影响；

- 二者都是创造性行为，各自的产品都具有新奇性及有效性；

- 二者都涉及认知过程的参与、创造性技能及对创造性产品的评估。事实上，人的认知与情绪现象通常会同时出现。研究人员（Ivcevic et al., 2007）发现，情绪创造力和自我报告的艺术创造力之间存在相关性。

有些作品往往既体现了认知创造力，又体现了情绪创造力，比如徐志摩的经典作品《再别康桥》。诗人所处的情境使其产生了非常特别的情绪，如诗中的非情绪词"轻轻地"饱含了太多无法用言语确切描述的情绪和情感信息：我将你当作恋人一般珍惜，生怕一丝的粗鲁都可能践踏你的美丽；这里有我太多的回忆，我要"轻轻地"才能使它们保持最美好的状态，才能幸福地记起所有令人心动的曾经；我要"轻轻地"行动，才能保证眼中的泪水不会流下来……从认知创造力来讲，整首诗是上等佳作，同时，它又成功地让读者感受到了诗人当时体验到的独一无二的情绪。

最后，情绪创造力与认知创造力还存在一定的统一性。

多数学者都认可对一般创造力与特殊领域创造力进行区分，二者之间的关系比较复杂。"游乐园理论"认为，一般创造力是特殊领域创造力的基础：特殊领域创造力高说明一个人的创造力水平不会太低，但当一般创造力水平达到某一标准后，人要想在某种特殊领域创造力上有更好的表现，还需要针对性的努力（Kaufman & Baer, 2005; Baer & Kaufman, 2005）。

从情绪创造力定义中的"体验和表达"这一关键词来看，如果将认知创造力的范畴扩大为"所有与认知参与有关的行为"，那么，情绪创造力在某种意义上可算作认知创造力的一个成分，即对情绪的创造性认知与表达。事实上，目前国内已经有研究表明，高认知创造力者确实更有可能拥有较高的情绪创造力。例如，善于运用技巧、能控制环境和进行自我调节、善于运用各种感官进行创造性活动的人，具有更高的情绪创造力。认知创造力对情绪创造力的促进作用主要体现在情绪创造力的总分及准备性得分上。

如果将情绪创造力看作特殊领域的认知创造力，那么从某种意义上说，高情绪创造力者的认知创造力一般也比较高，反过来则未必成立。举例来说，能像脱口秀选手那样让观众在长时间内欢笑不停的人，一般都不太可能是个笨人；而许多科学家虽然拥有极高的智商，但他们在生活中可能不太擅长处理与情感有关的问题。

CREATIVITY

"想那么多干吗"是种惯性

世界上有这样两种人：一种人坚持以"想那么多干吗"这种态度对待一切事物；另一种人对事物的任何方面都钻牛角尖，不弄明白就寝食难安。

解构一番我们会发现，"想那么多"的"多"字本来就是创造力的重要维度之一，即流畅性的一个重要表征。习惯性地"想太多"的人更有可能在创造性相关测验中得高分，在遇到实际问题时，他们也更有可能想出更多的解决方案，且对于同一种策略能预知更多的可能结果，最终在情绪创造力测验与认知创造力测验中都取得更高的分数。

已有科学家验证了情绪创造力与认知创造力的高相关性。有研究人员（Fuchs et al., 2007）报告了情绪创造力与想象倾向之间存在明显的正相关；还有研究人员（Ivcevic et al., 2007）发现，情绪创造力得分与托兰斯创造性思维测验得分和远距离联想测验得分均存在明显的正相关。

情绪创造力与认知能力

在电影《一级恐惧》（*Primal Fear*）中，爱德华·诺顿（Edward Norton）饰演的阿伦通过伪装成人格分裂症患者，以少年之身打败了理查·基尔（Richard Gere）饰演的立志做"为正义代言的好律师"的马丁。抛开善恶不论，阿伦在自我及他人情绪理解、对自身情绪的调控与灵活运用方面达到了令人匪夷所思的程度，而且他在智力、情绪智力及情绪创造力 3 个方面均体现出超高的能力。

俗话说"垃圾是放错地方的金子"，经受过生父与养父多重虐待的阿伦产生了"爱就是伤害"的错误认知，有限的生活经历使他并未真正理解爱的真谛。阿伦真心地爱着生父与养父，也爱着自己的女友，他假装的软弱人格与暴躁嗜血人格事实上都是他真实自我的表达。虽然阿伦心有无穷委屈，但伤害的人确实是他深爱的人，因为未成年，加上能力有限，所以导致他作出了错误的选择。

在影片中，阿伦关于喜、怒、哀、惧以及无奈等诸多情绪的表达都非常真实，也非常真诚。阿伦内心一直百感交集，但强大的思维控制能力使他懂得在具体情境中表现出哪些情绪、隐藏哪些情绪更重要，所以，这使得一些人对他产生了"这个孩子太邪恶"的想法。事实上，虽然阿伦的才能由于环境因素未能转化为真正用来服务社会的财富，但不可否认的是，在影片中，高智商是他运用情绪创造力得以幸存并逃脱牢狱之灾甚至死刑的重要前提。

有研究人员认为，情绪创造力是人基于自身的智力水平及人际关系辅助所能达到的上限，是人以一种全新的方式表达自己真实情绪和情感的能力。从这个定义来说，智力与社会支持对情绪智力都非常重要。一个人的智力水平越高，他能想出的新方法就越多，获得的社会支持就越高，也越有可能实现自己的创造性想法。

从上文可以看出，认知能力是认知创造力和情绪智力的重要影响因素，但并非决定因素；而情绪智力也是情绪创造力的重要影响因素，同样并非决定因素。举例来说，某人可能拥有非常高的音乐创造力，但我们完全无法由此判断他的认知创造力是高是低。当我们把情绪创造力理解成某种意义上的特殊领域创造力时，就很容易能明白，情绪创造力与认知能力虽然存在相关性，但二者之间也存在区别。

CREATIVITY

情绪创造力与考试成绩有什么关系

詹姆斯·埃夫里尔在情绪创造力的研究上体现出了一种忘我的执着，他像研究迷宫中的小白鼠一样，尝试将情绪创造力与人类的许多其他能力或特征进行对照研究。1991 年，他与卡罗尔·托马斯 – 诺尔斯（Carol Thomas-Knowles）的调研发现，大学生的情绪创造力问卷得分与学年平均成绩之间存在相关性。但在 1999 年的一次会议上，他们报告的另一份数据显示，二者之间的相关性很小，未能达到显著水平。同时，他们还发现，情绪创造力问卷得分与 SAT（美国高考）中的语言和数学得分之间均无显著相关性。

很多人似乎能理解这一点，就像一些艺术特长生能靠艺术特长进名校，但其文化课成绩难以达标。

影响情绪创造力水平的因素

纵览相关研究，我们发现影响情绪创造力的因素主要包括个人经历、人格特质类型、社会文化环境、性别差异等因素。接下来我们就进行具体的探讨。

个人经历

《孟子》中的"天将降大任于是人也，必先苦其心志……"从侧面体现了人的身心状态及过往经验对情绪创造力的影响。心理学家对此进行过大量的实证研究。

在成年之前经历重大疾病、交通事故、虐待、父母离异、亲人亡故或失踪等创伤事件，会对人的情绪发展产生深远的影响（Terr，1981）。经历这些事件的人可能拥有更多与同龄人不同的情绪体验：一方面，他们可能在情绪创造力的新奇性维度上比同龄人优秀；另一方面，他们可能会更多地思考与自己及他人情绪相关的问题，从而在准备性维度上得分更高

（Averill，1999）。

埃夫里尔的研究表明，相较于情绪创造力水平一般的人，高情绪创造力者在面对压力情境时更有可能采用适应性较强的积极应对策略，如以下4种：

- 寻求他人的帮助；

- 利用自我管理策略来增强自身对情绪的调控能力；

- 采取措施，暂时放下情绪来解决问题，如列清单、拟订计划、研究各种问题的利弊等；

- 对当前的情境进行重新评估，包括对目标、价值和信仰的评估（如思考"我真的需要坚持到底吗？"），以及对相应资源及其可用性的评估（如思考"她说对我很失望，我还要努力争取让她回心转意吗？"）等。

人格特质类型

与情绪创造力关联最大的人格特质是大五人格模型中的开放性。当我们说一个人情绪智力高时，可能会用到"豪爽""大方"等词语。有研究证明，情绪创造力与人格开放性呈显著正相关（Averill，1999；Sung & Choi，2009）。**也就是说，高情绪创造力者更有可能富有想象力与审美情趣，其感受力丰富，喜欢探索新鲜事物及进行思辨，且有包容心。**研究人员在对中学生的研究中发现，人格开放性与情绪创造力的各个维度得分均呈正相关（张晓云，2009）。

情绪创造力的核心维度新奇性也与开放性有关。开放性高的人更有可能对自己的新奇情绪体验有正确的认知与处理方式，也更有可能拥有足够的经历并以新奇的情绪表达方式来促进问题解决。比如在工作中，开放性高的人在完成自己的任务后，常常会对同事负责的任务产生好奇，他们有更高的求知欲，因此拥有更高的创造潜力；反过来，新奇的情绪体验也可能会促使他们探索自己及外部世界，而"探索的欲望"是开放性的重要体现。

此外，新奇性与大五人格模型中的神经质也存在显著关联，不过，情绪创造力的总分与神经质无关（Averill，1999）。新奇性高与神经质强的共同特征主要体现在情绪体验能力更强上。情绪体验能力强的人如果能以有效的方式表达，他们就会表现出较高的情绪创造力；如果他们的表达无法适应自身及环境的需求，他们则会有相反的表现。米开朗琪罗创作出了雕像《大卫》，达·芬奇创作出了《蒙娜丽莎》，像他们这样的艺术家往往拥有很强的情绪体验，能捕捉到被常人忽略的新奇点子，并找到最合适的表达方式，从而创造出高价值的作品。

有效性主要与大五人格模型中的宜人性有关。通常，能有效表达情绪的人更擅长处理自己与他人的关系，让他人觉得"这个人相处起来很舒服"。反过来，拥有良好人际关系的人也更有可能拥有相关的实践经验，从而在体验与表达自身情绪的过程中表现出更高的水平。

不过，有效性与神经质呈明显的负相关（Averill，1999）。通俗地说就是，一个"神神叨叨"的人不太可能擅长以合适的方式表达情绪，善于运用情绪技巧的人则不太可能出现情绪不稳定。

有效性及准备性与大五人格模型中的外向性和公平性呈明显的正相关（Averill，1999；张晓云，2009）。通俗地说就是，外向的人或对他人更有责任心、更习惯关注他人感受的人，更有可能拥有关注自己及他人情绪的意识，也更能正确地感受及表达情绪。

∞
CREATIVITY

做个处变不惊的人

在现实生活中，处变不惊的人往往更有可能得到身边的人的信赖。这样的人情绪反应强度低，不会放肆大笑，也不会怒气冲天，总是不慌不忙、举重若轻。

"不惊"一般有两种可能：一种是强烈地压抑自己的惊讶与不安；另一种，是因为事前已经对结果的各种可能性进行过种种考量与准备，所以在最后一刻有"恰如本人所料"的感觉，自己完全可以承受，所以不会惊讶。在某种意义上，后者体现出了一定的情绪创造力。

社会文化环境

研究发现，文化会通过外显的行为习惯系统及关于信念和规则的内隐认知影响人的情绪体验及表达（Averill，Chon，& Hahn，2001）。比如，我们从小熟背的古诗"谁知盘中餐，粒粒皆辛苦"早已潜移默化地影响了我们的日常行为，而中华文化的底蕴也滋养了每个中国人的信念和认知，"此生无悔入华夏"的自豪之情在每个中国人心中油然而生。文化因素显然会影响情绪创造力的表现，这种表现主要体现在结构上，比如中国人注重形象思维，习惯运用比喻，因此更加含蓄委婉；西方人则大都是直线思维，注重逻辑分析，喜欢开门见山。因此，我们无法简单地用一两种测量工具来判断人的情绪创造力水平是高是低。

西方信奉个人主义文化，因此，西方社会对个人情绪外露更加宽容，但这并不代表在宽容的环境中，人的创造力更高。原因在于，一方面，在过分宽容的环境中，人对提升自身情绪创造力的诉求可能会降低。例如，当不需要压抑"不爽"的情绪时，人主动体验其他并发情绪的可能性会降低，寻求创造性表达方法的需求也比较低。另一方面，无论在哪种环境中，非正常的情绪表达都可能会降低人的适应性。

从整体上来说，不同的地理特征、耕作及饮食结构、社会政治形态及历史文化背景等对人的情绪创造力会产生哪些影响、以哪种方式产生影响以及影响的程度有多大，对于这些问题，我们还需要进行更细致、更深入的研究。

CREATIVITY

从表达方式来分析东西方情绪创造力的差异

"讨厌！"这种表达方式，在某种意义上像是古老东方文化中含蓄美的一个典型范例，西方人理解起来确实非常困难。在"讨厌！"的撒娇艺术中，关键信息并非文字表述的内容。这种表达方式因为需要多种语气、表情及肢体言语的辅助，所以很难真正地传达表述者的真实意愿，对社会经验不足或对表述者本身了解不深的信息接收者来说，他们很难完全理解表述者的真实情感及诉求。从这个角度来说，西方人坦率地表达自己情感的方式，可能在真实性及有效性上比东方人略胜一筹。

对于独特性的问题，其实我们应该从不同的角度去解读。西方人热情、开放，东方人内敛、含蓄。比如日本作家夏目漱石在翻译"I love You！"（我爱你！）这句英文时，巧妙地译为"今晚的月色很美"；中国导演王家卫的表达则是"我已经很久没有坐过摩托车了，也很久未试过这么接近一个人了，虽然我知道这条路不是很远。我知道不久我就会下车。可是，这一分钟，我觉得好暖"。这两种文化无所谓孰高孰低，只是各自传达的意境与氛围不尽相同而已。

由此可以看出，东方人在表达情感时并不缺乏新奇性。所以，如果将西方的文化量表简单地应用到东方人身上，结果可能会产生偏差。

此外，虽然情绪创造力问卷用在西方人身上有较好的信度及效度，但由于文化差异的存在，将其直接应用在东方人身上可能会出现诸多问题。因此，我国的科研工作者可以考虑在学习西方技术的基础上，对其进行消化、吸收，然后再创新，并在本土环境中重新检验中文版测量工具的信度和效度。

性别差异

埃夫里尔发现，女性在情绪创造力的准备性维度及有效／真实性维度上的得分比男性更高，不过，两性在新奇性维度上并未表现出明显差异。

如何提升情绪创造力

许多人考试考出了惯性与惰性，喜欢用抽象的书本原话来回答问题，却在追求精确答案的过程中忘记了答题的意义——回答问题是为了实际应用，而不联系实际的理论不会深入人心。就像假如没有原子弹，就没几个人知道相对论。以我自己与某位学生的一段真实对话为例：

"你觉得有哪些应对消极情绪的创造性方法？"

这个学生回答道："弗洛伊德认为升华是一种好方法，也就是把消极情绪转化为创作音乐、美术、诗歌等艺术品；也可以选择运动、撕纸片、拥抱、逗宠物等方法。怎么能让自己好起来就怎么来。"

我立即回复道：

"不会写诗，也不会画画的话，怎样升华？

"想学美术或钢琴，但是没钱，怎么办？没时间进行艺术创作，怎么办？

"特别不爽的时候想去爬山，这时候老板打来电话说要开会，怎么办？

"撕纸片后心情更糟糕了，是怎么回事？

"想每天有人拥抱，所以凑合找了一个人，这是健康的做法吗？

"中国人需要拥抱吗？如果父母很保守，需要教他们学会拥抱吗？

"想在宿舍养宠物，但学校不允许，怎么办？喜欢宠物但不喜欢铲屎，又该怎么办？"

接下来，我们不谈理论，谈操作。

顺乎自然

有些父母曾问过我一个问题："3 岁大的孩子对身体某部位表现出过多的兴趣，该如何干预？"

为什么要干预呢？在心理学家看来，如果不懂得正确的干预方法，那么正确的干预就是什么都不做。事实上，没有表现得大惊小怪的父母最有可能培养出身心健康的孩子。

《道德经》讲"为无为"，其实，以"什么都不做"作为最佳策略，结果可能比人想象的要好。例如，堵车时变换车道，不但自己开车快不了，甚至会使交通状况变得更糟糕。以色列本·古里安大学的心理学家迈克尔·巴-伊莱（Michael Bar-Eli）对足球守门员的研究发现：如果跳得少一些，守门员可以接住更多的球，即"懒"守门员的表现更好（Bar-Eli et al.，2007）。再比如，有个不爱工作的名叫加文·普雷特-平尼（Gavin Pretor-Pinney）的"懒汉"创建了一个"赏云协会"，后来，该协会创造了大量的艺术财富。另外，一个名叫史蒂文·普尔（Steven Poole）的人写了一本专门研究勤劳与人类价值观的书，他提到，越穷的人越怕让自己"闲下来"。

增加社会体验

中国古代曾有一位"奉旨填词"的诗人柳永，他本身才高八斗，青楼女子成为他创作美艳词曲的重要灵感来源；另一位诗人徐志摩，曾为两位女子写了许多首诗。雕塑家米开朗琪罗创造出了《大卫》《摩西》《垂死的奴隶》《创世纪》等一系列天才之作，而这些作品的灵感据说全部来自美男子托马索·德·卡瓦切里（Tommaso dei Cavalieri）。另外，一个"微笑"曾牵动了整个世界：名画《蒙娜丽莎》成就了达·芬奇，也成就了后世创作出《达·芬奇密码》的小说家丹·布朗以及无数相关的考古学家、宗教学家和艺术评论家。

新奇性是认知创造力及情绪创造力的共同特征。无论对常人而言多么新奇的事物，只要它在某人身上反复出现，那么它对这个人就没有新奇可言。要想使大脑时时推陈出新，感性地接触不同的事物很重要——创造力从来不会凭空产生，就像作家要采风、画家要写生一样，体验很重要。众所周知，爱情是人类永恒的主题，爱与恨最有可能给人带来重大的情绪冲击。爱这个人还是爱那个人不是问题的重点，重点是"（被）爱的感觉"。

科幻作家郑军先生提到创作时说，从整体上来说，年轻人更喜欢写架空小说，因为他们缺乏现实生活经验，很难将现实生活中的人与事描写得足够细腻。而有阅历的人更有可能将真实生活写到作品中去，比如写某个地方的人时，会将其特定的方言特征、地域文化带来的行为习惯等非常细腻且准确地描写出来。

例如，路遥的《平凡的世界》就是一部全景式表现中国当代城乡社会生活的长篇小说。路遥通过复杂的矛盾纠葛，刻画了 20 世纪 70 年代中期到 20 世纪 80 年代中期近 10 年间社会各阶层众多普通人的形象。在这部小说中，劳动与爱情、挫折与追求、痛苦与欢乐以及日常生活与巨大社会冲突，纷繁地交织在一起，深刻地展示了普通人在大时代进程中的艰难曲折。如果没有丰富的情感体验，路遥是无法写出这种深刻的创造性作品的。

从整体上来看，现代人正离"现实"越来越远。社会支持是个体情绪创造力得以施展的平台，从这一角度来说，沉迷于虚拟的"朋友圈"对人的情绪智力及创造力都有一定的损害。一方面，"速食友情／爱情"使人们的自我中心倾向变强，同时，人们设身处地为他人着想的动机减弱，在一次次"添加新朋友"、"删除好友"甚至"拉黑"的过程中，人们深交的朋友越来越少，对他人的支持越来越少，相应地，获得的人际支持资源也随之减少，即所谓"好友越多越孤单"。另一方面，在网络交流中，人们越来越多地使用文字、标点及抽象而明确的符号或表情来传情达意，而在现实生活中，人们表达及识别情绪的能力却因为缺少训练而降低，读再多与微表情有关的书也无济于事，因为与实践相关的能力需要理论结合实践才可能发展得更好。

要想改变这一现状，方法其实非常简单：走出去。在现实生活中多与他人聊天，真心地关注邻居、同学、同事，并尝试将一些优秀的网友变成现实生活中的朋友。事实上，如果仔细留意他人在网络中展露的信息，就能从更深的层面了解对方，最终可能获得真正与自己志趣相投的朋友。在生产力不发达的年代，人们对许多"牛人"只能高山仰止，就像孟母要"三迁"才找到真正适合孟轲成长的地方。而如今，我们只需要"一纤（光纤）"就可以锁定目的地，"一迁"就可以走进自己想要的现实朋友圈。

提高情绪创造力和认知创造力，请先开门，走到阳光下

无论在字面意义上还是在象征意义上，"打开门"对人的幸福人生都有着重要意义。一方面，当人打开门走出去后，阳光可以促进身体对钙质的吸收、帮助调节生物钟、缓解甚至消除抑郁情绪；另一方面，当人打开门走出去后，活动量也会增多，相对于有限的拇指运动（玩手机）或十指运动（玩计算机），多到室外运动显然对腰椎、颈椎及心脑血管健康都极为有益，能大大地降低患阿尔茨海默病、脑梗死、卒中、半身不遂等疾病的可能性。

另外，虽然一些游戏产品商家声称，有数据证明一些游戏可以帮助提升人的认知创造力甚至情绪创造力，但统计数据并没有人想象的那样乐观：假如一款游戏使所有人的智力都提高一个点（如从 100 变成 101），虽然统计上显著，但对个体来说没有多大意义。因为"统计上显著"并不代表它对所有人都有好处，且被忽视的身心健康很可能会出现实质性的下降。研究人员（Dyson et al., 2016）曾研究角色扮演型桌游对大学生创造力的影响，结果发现，大学生的认知创造力提升"在统计上显著"（安慰剂也有同样的效果），但其情绪创造力并没有受到影响。

相反，真实的戏剧表演可以直接训练人的情绪创造力。在周星驰的经典电影《喜剧之王》中，尹天仇在一分钟内变换多种表情的片段体现出了令人叹为观止的共情能力、想象力、情绪理解及表达能力，成就了不朽经典。

许多非凡的创造性作品往往是创作者在经历生活重大变化时创造出来

的，如亲友离世、爱上他人、失恋、搬家、遭遇战争等。我们虽然不一定要为了创作而特意将自己推进痛苦之中，但经常出去走一走，见一见不同的人和事，就很有可能会产生"我被青春撞了一下腰"的令人喜悦的微痛感。

埃夫里尔和托马斯·诺尔斯（Averill & Thomas-Knowles，1991）认为，高情绪创造力者会在分析自己与他人情绪和情感方面花更多时间，并投入更多注意力。所以，如果你想成为画家，那就从现在开始，每天画自己想画的任何事物；如果你想成为小说家，那就先提笔，从今天开始，每天记下自己看到、听到、想到的有趣的事情。推开心扉，打开门，外面的世界很精彩！

积极运动

认知是人与环境交互作用的结果，而运动在人们理解世界和改造世界的过程中起着重要作用。一般而言，在人们运用情绪智力与情绪创造力来控制情绪的过程中，运动往往起到积极的促进作用。

笛卡尔少年时体弱多病，因此他每天上午不用上课。他这种"偷来"的闲适与他之后的创造性成就有极大的关联。但需要注意的是，笛卡尔是贵族出身，且天资聪颖，他父亲在他的教育上也下了血本，所以，笛卡尔的个案不足以证明"体弱多病的孩子更有可能成为创造力天才"。事实上，患病的孩子的高级认知水平更低，因为疾病会影响他们的学习效果（Sternberg et al.，1997）。这一点很容易理解，比如，一个从 10 岁起就患上慢性胃炎的孩子，他有可能在长大后成为一名优秀的内科医生，但他成为著名画家的概率并不高，因为无论他走到哪里，他的胃都会不定期地出现疼痛，这会大大削弱他对其他信息的关注度。

创造力实验室 ————————————————————————————

大量研究表明，运动能提高人的抗压能力、减少身体炎症、提升人的身体感受力，并促进多巴胺分泌，从而增加人的愉悦体验和幸福感。研究人员发现，运动员的情绪稳定性更高，自信心更强，智力潜力更大，而且他们对自己及生命充满积极态度，同时其人格特质也在训练中得到了完善。此外，无论是对运动员还是对普通人来说，运动都可以提高人们的认知创造力与情绪创造力，尤其对后者的影响更大。研究人员（Bara Filho et al., 2005）在研究了巴西顶尖足球运动员后发现，高情绪创造力的运动员更不容易感到疲劳，也不容易患生理疾病，且情绪抑制力更强。

那么，运动一定会带来情绪创造力与认知创造力的提升吗？这个问题在本质上和以下这个问题一样：如果一个人每天做 100 个俯卧撑，那么，他以后会跑得更快吗？实际上，俯卧撑锻炼的肌肉群与跑步所需的肌肉群不相同，因此自然没有太大的用处。我们并不否认，无论进行哪种锻炼，身体整体上都会变得好一些，但这不代表身体的各方面"全优"。

比如，我们在日常生活中不难发现，那些长期坚持运动、拥有规律运动习惯的人往往更有精气神，他们在工作和生活中也充满活力。但这并不能说明那些相对安静、喜欢坐在办公室里的人的认知创造力和情绪创造力差。事实上，没有证据表明，长期运动的人和不运动的人在生理、心理、对新事物的包容度以及创造力方面有显著差异。

目标具体化

每个人都有梦想，但对多数人来说，理想的生活就是"活得理想"，因为他们缺乏有趣的想法，只能一味地追求"食"与"色"。他们并不知道，人与其他动物不一样，不能只满足动物性需要，活着不仅是为了吃饭与繁殖。不过，"有理想"看似美好，但真正的美好"在路上"，在追求理想、追求自我的过程中。

不成熟的未来观会使人将自己未来的幸福寄托在外物上，如缘分、"对我好的人"、稳定的婚姻、白头偕老等，却忽视了"我是个什么样的人""我将成为什么样的人"等问题，继而无法正视各种挫折和坎坷，在遭遇伴侣背叛或离世等问题时容易崩溃。

此外，对未来的具体情境缺乏思考或缺乏未雨绸缪的能力会使人在面对具体问题时容易慌乱，在应激状态下更容易按本能行事，缺乏智慧，情绪创造力较差。哈佛大学的教授丹尼尔·L. 夏克特（Daniel L. Schacter）等人对未来情境思考曾做过多项研究，他们发现，在"未来事件想象"方面创造更多情景细节的人，在发散思维测验中的得分往往更高（Addis，Pan，Musicaro，& Schacter，2016。）

悦纳既存的负面事物

如果没有错误、一切完美，那么世界将会是什么样子呢？郑春顺在《混沌与和谐》一书中给出了一个理性、冷酷却毫无美感的答案：

> 完美的宇宙当然是可能的，但过于沉闷和单调。这样的宇宙不能容纳玫瑰的芳香、夜莺的歌唱、夕阳的火红霞光和莫奈的睡莲。它尤其不能产生意识以及能提出有关其历史和命运问题的智力。
>
> 完美的宇宙统一、无缺陷的对称、绝对完美都是无意义和死亡的同义词。

过去不可追，未来亦不可追，只有当下是上天赐予我们的最好的礼物。当下的我们是由当下的情境及过往的一切记忆组成的。所有的生命体验都是礼物，只是它们的"包装"不一样：有的好看，有的不好看；有的让人欢笑，有的让人流泪；有的让人疯狂，有的让人沉默。挫折、背叛、失败等虽然会让我们哭泣、忧郁，但也带给我们在浮躁中安静下来享受生活的可能，让我们更好地反省自己、更好地与自己的内心对话，并为了幸福的人生而调整方向，最终让我们活得更充实、更优雅。

我们应学会悦纳，这样才能有更好的人生。而悦纳是人本主义心理学、积极心理学等心理学派重要的理论组成部分。

世界本不完美，每个人也都不完美，但世界正是因为不完美而绚丽多彩，展现出无穷的可能性。世界上从来没有两片完全相同的叶子、完全相同的雪花及完全相同的人，所有人眼中的主观世界也都不相同。翻翻《精神障碍诊断与统计手册》可以发现，几乎每个人都存在一定的心理疾病；做一次全身体检，几乎每个人或多或少都会发现生理问题。但在人本主义者眼中，这些只能说明人们有自己的特点而已，极少有人真的有精神病。与之类似的是，近年来慢慢兴起的健康生理学认为，虽然每个人都存在一些生理问题，但这不一定代表每个人真的有病。如果人们"关心"疾病，那么疾病会更加肆虐；如果人们更"关心"健康，将注意力放在"如何拥有更强的免疫力"上并为之努力，那么人们的健康水平会变得更高。**通常而言，不承认自己当前真实感受的人，往往与高情绪创造力绝缘。**

记忆也与创造力有关。记忆提取遵循心境一致性理论，即人们更容易回忆与当前所见所思相似性高的事物，如人们每次回老家时都会拾起一些几乎被遗忘的童年记忆，初次与陌生人打交道时会不由自主地想到与此人相似的一些人。此外，当人感到身心不适时，相应的回忆更容易被唤起；而人在进行创造活动的过程中，更容易受相关知识经验的影响（Blaney，1986）。

《道德经》中有一句话："非以其无私邪？故能成其私。"这句话的大意是说，"你能说圣人是无私的吗？（正因为他无私）才成就了更大的自私。"当我们无条件地接纳一切时，我们才可以在创造性活动中利用它们，才能表现出更大的思维灵活性。

对许多人来说，痛苦是"错误""不完美"的一部分，人们都喜欢快乐而逃避痛苦。比如，周华健有首歌叫《忘忧草》，歌中唱道"忘忧草，忘了就好"；一些心理学家试图利用定向遗忘（directed forgetting），即"只记快乐，忘却痛苦"来辅助治疗抑郁；在莎士比亚的《麦克白》中，麦克白对医生说："你难道不能诊治那种病态的心理，从记忆中拔去一桩生根的忧郁，拭掉那写在脑筋上的烦恼，用一种使人忘却一切的甘美的药剂，把那堆满在胸间、重压在心头的积毒扫除干净吗？"

但是，忘却痛苦也可能意味着对创造力的拒绝。打比方来说，当鞋合脚时，人们会忽略脚的存在；在遭遇胃部不适前，孩子不会注意到肚子里有"胃"的存在；在平淡的婚姻出现问题前，夫妇双方可能会忘记爱情的存在。**不适感会提高人们对不适感缘由的觉知，从而使人对其投入过多的关注，并影响人的思维、行为模式及创造力。**克劳斯·迈因策尔（Klaus Mainzer）在《复杂性思维》（*Thinking in Complexity*）一书中指出："欲望与痛苦是永远处于进化中的人脑的高度精密状态。"从某种意义上说，人类的行为可能是为了满足欲望，也可能是为了回避痛苦。而正是在这个过程中，一代代人类创造出了超越前人的丰富的物质与文化。

CREATIVITY

疼痛感有多重要

世界上有一小部分人天生缺少痛觉，即使血流如注、四肢折断，他们也不会产生疼痛感，所以很多时候，他们需要外人提醒才会发现外在威胁或自己身上的伤口。

虽然疼痛是一种不好的生理体验，但如果我们因此羡慕那些"无痛者"，就未必理性了。我们在遭遇针刺、火灼、电击时，会因为疼痛感而迅速躲避，并在以后的生活中多加留心，这样才可能在各种灾难中生存下来，并在与疼痛的"搏斗"中不断超越自己，去更多的地方，最终使文明得以发展。相较之下，"无痛"的家族因为无力抵御外界侵害，更倾向于固守原地。

心理疼痛给人带来的生理感受与生理疼痛非常相似。比如，

"胸口像堵了一块大石"般的心痛并非文学意义上的夸张，而是人在某些特殊情况下的真实体验。大脑研究也表明，心理疼痛和生理疾病的大脑机制非常相似。

此外，虽然一些人认为消极的生理体验或心理体验会降低人的创造力，但一些艺术家却可以利用自己的不适感，并以优美的文字、音乐或美术作品等方式将其表达出来，这对艺术家本人来说是一种宣泄，对信息接收者来说则是一种可以增加经验值并吸取失败教训的无害途径，后者因此可能成为未雨绸缪的智者。

关于疼痛有许多不朽的名句，如李白的"长相思，摧心肝"、秦观的"伤情处，高城望断，灯火已黄昏"以及苏东坡的"料得年年肠断处，明月夜，短松冈"等，这些都是对心理疼痛的艺术表达。这些诗词无一句直抒"痛"意，却可以让人产生"大石压心"之感，无疑是消极生理体验和心理感受的一种升华。

抱持求真的态度

什么是较真？在一般人看来，别人不屑一顾的东西，有些人偏要问"为什么"，这个人的行为就是一种较真。比如，一般人会认为鸟儿就该在天上飞，较真的人会想：为什么鸟儿一定要飞？为什么我不能飞？对此，一般人可能会觉得莫名其妙，也可能会觉得自己答不上来很丢脸，便会称较真的人"令人讨厌"。

从言语上来讲，较真就是计较真相，这不是人为了证明自己正确而执着，更不是为了面子而不惜放弃底线以歪曲事实。较真的重点是"真"，它是一种格物的精神；歪曲事实不是较真，而是强权的体现。

从个体发展的角度来讲，较真的人才可能对未来进行深入的思索，才可能未雨绸缪，才可能在情绪创造力的准备性维度上达到较高水平。

其实，每个人心中都有一个爱较真的孩子，当然了，个体差异永远存在。几乎所有智力正常的孩子都曾经有过好奇心，几乎每个孩子都曾经问过"我从哪里来？"这个问题，但不同的父母回答方式不一样。

许多成功人士都是在宽松的家庭氛围中长大的。曾有一个认为自己没有天分的女孩说，她觉得自己是个很能"将就"的人，会给自己心理安慰，告诉自己随遇而安就好了。后来，我和她聊了几次之后发现，她其实并不是真的喜欢"将就"，她之所以如此，是因为她小时候的每次争辩、每次抗争都没能为她带来好结果。这就像头上被罩了透明罩的跳蚤，一直不明白为什么每次跳跃都会头痛，后来为了不痛，它越跳越低，终于在某一天，它变成了"爬蚤"。

从这个角度上说，较真不会使人封闭，真正使人封闭的其实是随遇而安的态度：环境和别人怎么样，自己就怎样，把真实的自己锁起来，不说真话，只说别人可能喜欢听的话，只做别人期望自己做的事情，永远不想自己到底喜欢什么，最终过着不开心、不幸福且毫无生机的生活。斯滕伯格在《智慧　智力　创造力》一书中反复强调了一个观点：有智慧的人更有可能通过将多方利益最大化来实现自身利益的最大化，他们也更有可能成为八面玲珑的人。

另外，宽容的社会才会培养出爱较真的人。社会越不宽容，人越不敢较真，也很少有人敢站出来质疑权威。不宽容的社会才有禁忌，而禁忌源于无知。

最美好的时代是百家争鸣、百花齐放的时代，在这样的时代，因为没有主流，所以也就没有非主流。每个观点都会得到讨论，每个认真的人都会得到尊重，每个人都是世界的中心，每个人的诉求都会得到倾听。许多人都喜欢随大流，并认为太自我的人会被人讨厌。但事实上，如果没有所谓的"大流"，就不会有"随大流"，也就不会有"盲目从众"，因为所有人都需要认真思考多家言论，这样才能找到自己的立场。最后，人们会发现，博采众家之长后，每个人都会形成自己独特的观点：世上没有相同的叶子，也没有相同的人；每个人都好好地做自己，认识到自己的特殊之处，这才是真正美好的世界。

当然，较真也是一门艺术，需要一定的技能，不是人随随便便就能做到的。

要想较真，离不开宽容。而宽容永远是智慧和学习的产物，同时它也离不开格物致知的精神。作家亨德里克·威廉·房龙（Hendrik Willem van Loon）在其名作《宽容》一书中讲的，也是同样的道理，不较真的人，不可能产生真正的宽容，而即使经历过不被接受的阶段，但仍能坚持刨根问底、一生都"多想一点"的人，终会得到世界的奖励。

CREATIVITY

做快乐的"开心果"还是阴郁的智者

有一天，一个喜欢"灌鸡汤"的朋友在微信群分享了一篇关于"不要等老了才懂幸福"的文章。群里其他人读完后，除了觉得心里更"堵"之外，好像没有任何收获。这篇文章提到，幸福就是穷的时候有人跟着，病了有人照顾，哭了有人安慰，老了有人陪伴……

认真思考后会发现，这篇文章的主旨是：人生是一段苦旅，幸福只能从他人身上获取。很多信奉这种观点的人用一生的时间期待"天使"来拥抱自己，最后得出结论："我不幸福是因为老天待我不公，它没有把'天使'带给我。"有了这样的答案，他们便认为自己有智慧了，还认为智者都是如此悲苦的。

实际上，有智慧的人会在最可怕的逆境中自娱自乐，比如罗温·艾金森（Rowan Atkinson）饰演的"憨豆先生"总会在最不可思议的时候娱己娱人，相声演员也经常在段子中"自黑"。他们的行为看似荒诞，其实是大智若愚的表现。"开心果"不怕别人"黑"自己，他们希望朋友可以畅所欲言，无须担心这会影响彼此的感情，显出了强大的包容能力。前文曾提到，包容能力强的人，其创造力一般不差。其实，创造力本身就是智慧的重要组成部分。

另外，人们都喜欢让自己会心一笑的人，因为人们容易将自身情绪与眼前事物相结合，从而对事物产生不理性的感受。

其实，幸福不是等着别人爱、等着别人理解、等着别人心疼，而是自爱。因为自爱，人的整个生命才会灿烂起来。

测验：情绪创造力问卷

仔细阅读以下描述，根据你的实际情况进行评分。

评分规则：1分，非常不符合；2分，有点不符合；3分，不确定；4分，基本符合；5分，非常符合。

1. 情绪反应过激时，我会去寻找原因；
2. 我认为人们应该像重视智力发展一样重视情绪的发展；
3. 我会反思并尽可能地去理解自己的情绪反应；
4. 生活中，我不太关注自己的情绪；
5. 我认为过去的情绪体验能够帮助我解决现在所遇到的情绪问题；
6. 在强烈的情绪体验过后，我会尽量恢复平静并客观地审视自己的情绪；
7. 我会关注他人的情绪，这使我能更好地理解自己的感受；
8. 我的情绪反应与众不同，很独特；
9. 我会设想自己能同时感受到孤独、生气和高兴这 3 种不同的情绪体验；
10. 有时，我体验到的感受和情绪难以用一般的言语来描述；
11. 我曾经历过他人可能从未体验过的复杂情绪；
12. 我喜欢音乐、舞蹈和绘画，这些可以唤起我新的、不同寻常的情绪反应；
13. 我经历过超出常规的、不寻常的情绪体验；
14. 在某种情境中，我倾向于以独特的方式表达情绪；
15. 我喜欢想象一种情境，这种情境可以唤起我非同一般的、

异于寻常的情绪反应;

16. 我在情绪表达方面具有很好的创造性和创新性;

17. 我喜欢以作诗或写小说等文字方式来描述自己的情绪,这些情绪的感受都非常独特;

18. 我能在同一时间内感受到不同的情绪体验;

19. 我偏爱那些反映复杂、独特情感的电影及书籍;

20. 我情绪反应的幅度和多样性有时会超出我的表述能力;

21. 我能够体验到多种不同的情绪;

22. 在要求以新颖、独特的方式表达情绪时,我能较准确地表达自己的情绪;

23. 我善于表达自己的情绪;

24. 我的情绪体验和表达方式能促进我与他人交往;

25. 我的情绪体验能帮助我达成生活中的目标;

26. 我认为情绪是生活意义的源泉,没有了情绪,生活就没有了意义;

27. 我会尽量诚实地面对自己的情绪反应,即使这可能带来麻烦;

28. 我的情绪总能反映我最真实的想法和感受;

29. 我的外部情绪反应与内部感受是比较一致的;

30. 我会试图伪装和隐藏自己的情绪。

该问卷包含准备性、新奇性、有效/真实性3个分量表。准备性量表包括评估情绪准备的7个题目(如"我会反思并尽可能地去理解自己的情绪反应"),准备性即考虑、注意自己和他人情绪的趋势,试图理解情绪的趋势。准备性高的人更愿意保持原有的、自己熟悉的情绪表达方式,而不愿创新。另外,该维度与其他两个维度之间有部分重叠。新奇性量表包括评估新奇性的 14 个题目（如"我曾经经历过他人可能从未体验过的复杂情绪"）。有效 / 真实性量表包括评估情绪体验的有效性和真实性的 9 个题目（如"我的情绪体验和表达方式能促进我与他人交往"），该分量表反映的是个体有效且开放地表达情绪的能力。

得分越高，代表你越能更好地、创造性地在写作和绘画中表达情绪，同时，同伴对你情绪创造力水平的评价往往也越高。

第 5 章

情感障碍之于创造，是诅咒还是馈赠

伟大的天才，必定具备了疯狂的特质。

——亚里士多德

∞ 患轻度精神疾病的人更可能带来伟大的创造，重度精神疾病则对创造力不利，而处于精神分裂症发作期的人或患有严重双相情感障碍的患者并未表现出真正的创造力。

∞ 不同职业的人患精神疾病的类型有所不同：作家、画家、作曲家更易患抑郁，演员、诗人、建筑师则更易患躁狂症。

∞ 与正常群体相比，高创造力者的后代具有较高创造力的概率高，但这些后代患精神疾病的概率也较高。

天才一定是"神经病"吗

什么是"正常"？从统计学角度来说，95% 的人都具备的特征就是正常的。只要一个人的某些特征不在这 95% 的范围内，他就"不正常"。比如，如果某个国家 95% 的人身高都在 155 ～ 190 厘米，那么身高 148 厘米或 192 厘米的人都"不正常"。

再比如，99% 的人都不可能取得和比尔·盖茨、亚伯拉罕·马斯洛或爱因斯坦一样的成就，所以从统计学角度来说，这 3 个人都"不正常"。而乔布斯完全就是一个"控制狂"和"自私鬼"，他同样"不正常"。

对于与自己不一样的人，很多人总会投去异样的目光。如果对方比自己弱，人们可能会说"这人是个疯子 / 傻子，不用理他"；如果对方比自己强，人们可能会说"嗯，虽然这个人在某些方面比我强，但我比他正常，我的朋友比他多，我更幸福，高智商的人情商都低"。

那么，到底何为"正常"，何为"不正常"？"不正常"又跟哪些因素有关呢？

天才和普通人究竟有什么不同

通常，影响人创造力的精神疾病主要包括情感障碍和精神分裂症谱系障碍。情感障碍包括抑郁、躁狂以及二者交替出现的双相情感障碍；精神分裂谱系障碍是一组影响人的感知觉、情感、思维和行为等多方面的精神障碍，在疾病早期，患者往往会出现情绪激越、不协调性兴奋等病理症状，而情感淡漠是该病阴性症状的主要表现。有研究表明，约25%的精神分裂症患者会在精神症状残留期或康复后出现抑郁症状。在本章中，我们将走进那些所谓的"疯子"或天才的世界，并探讨创造力和情感障碍易感性[①]之间的关系。

成功学上有句话叫"欲要成功，先要成疯"；而德国心理学家曼弗雷德·吕茨（Manfred Lutz）写了一本名叫《疯狂》的畅销书，书的副标题则是"你活得越正常，越有病"。

几千年来，都存在认为高创造力与精神疾病有关的观点。早期的精神病学和精神分析理论认为，高创造力者身上本我（id）与超我（superego）之间的严重冲突是其创造力的源泉（Eysenck，1993），并认为创造力可能是携带精神疾病致病基因的某种补偿优势（Barrantes-Vidal，2004）。当然，也有少数人一直在努力为天才们辩白，他们认为，即使精神疾病与创造力有关，也仅与顿悟和部分创造性作品有关。

---

① 指由遗传因素决定的个体患病风险。

以马斯洛为首的人本主义者以及现代的积极心理学家、健康心理学家则认为，高创造力者不仅更幸福、更健康，他们的潜能还更容易得到充分的发挥，并实现令常人望尘莫及的自我实现的高峰体验（Feist & Barron，2003；Maslow，1968）。高创造力者拥有开放、自信等积极的人格特质，在遭遇创伤或逆境后更容易进行自我修复（Forgeard，2013）。心理治疗理论指出，创造性活动不仅不会让人变成疯子，反而可以让人更健康，如创造性写作能增进免疫系统的功能，且对精神疾病的康复也有较好的促进作用（Kaufman & Kaufman，2009）。

CREATIVITY

天才在左，疯子在右

米开朗琪罗的许多行为被认为体现了强迫症倾向。牛顿与爱因斯坦都患有阿斯伯格综合征，牛顿在 50 岁时精神失常。此外，爱因斯坦的儿子爱德华·爱因斯坦（Eduard Einstein）是位出色的钢琴演奏家，但他在 19 岁时被诊断出患有精神分裂症。

高创造力与精神疾病确实有关。而对优秀人才的不理解或"羡慕嫉妒恨"等情绪则会导致人们对高创造力者产生排斥。在英文中，nerdy、geek 等单词的含意及用法与中文的"书呆子""木头人"相似，这反映了人们对"小众"人群的排斥。

天才是天生的吗

究竟什么是"天才"呢？有的辞典对"天才"的定义是：拥有一定天赋的人，包括卓绝的创造力、想象力以及超常的体质、身高、嗓音等。可见，"天才"的关键在于基因，所谓"龙生龙，凤生凤"。通常，我们会把不随环境变化而变化的基因特征称为内表型（Ivleva et al.，2010；Almasy & Blangero，2001；Gottesman & Gould，2003），内表型在精神疾病患者和未发病患者的亲属中出现的概率远高于一般人群（Allen et al.，2009；Braff et al.，2007）。对内表型的研究不仅能提高关联研究的效力，也有助于我们在早期筛选出高危人群，以便将疾病控制在尚未发病的阶段。

大数据统计显示，精神分裂症患者和双相情感障碍患者的健康亲属从事创造性行业的可能性远高于一般人群（Kyaga et al.，2011；Kyaga et al.，2013）。研究显示，精神分裂症高危个体的前额叶、颞叶和前扣带回在发病之前已出现异常；此外，这些人在持续性注意（Andreasen & Powers，1975）、言语记忆和工作记忆等认知功能方面也表现出异常（Sitskoorn et al.，2004；Szöke et al.，2005）。**而当一个思维敏捷、逻辑清晰、专注程度高的人突然变得迟钝、健忘、注意力不集中且一直无法恢复时，很有可能是他的大脑在发出警示信号，表明他的精神状况不容乐观。**

在与创造力的关联中，精神分裂症患者和双相情感障碍患者确实存在许多相似之处，如基因关联性。研究证实，与创造力相关的儿茶酚 -O- 甲基转移酶（COMT）基因和神经调节蛋白 1（neuregulin 1）基因是精神分裂症和双相情感障碍共同的易感基因（Craddock，O'Donovan，& Owen，2005）。虽然二者存在一些差异（Lichtenstein et al.，2009），但都有类似的临床症状（Maier，Zobel，& Wagner，2006）、认知损伤（Schretlen et al.，2007）及遗传学基础（Craddock，O'Donovan，& Owen，2009；Williams et al.，2011）。因此有人认为，情绪问题是精神分裂症患者最早出现的症状之一。

　　虽然大数据向我们展示了"大多数情况下大多数人会发生的事情"，但使世界发生重大改变的往往是那些"黑天鹅事件"。有的人从来没见过黑天鹅，便认为所有天鹅都是白的，这与中国古代会形成"天圆地方"的观念本质上几乎相同。纳西姆·尼古拉斯·塔勒布在其畅销书《黑天鹅》中提出了"黑天鹅""平均斯坦""极端斯坦"等概念，他认为人们的直觉主要是根据平均斯坦的模式来进行思考与选择的。而如果人们想要提高创造力，则需要关注极端情况，从极端斯坦的角度反思自己的行为、思维及对下一步人生的计划，以打破固化思维模式的禁锢。

　　"我觉得就该这样啊"是一种最"正常"的思维方式，按这种方式思考的人不可能有精神疾病，但他们几乎也不可能有多么高的创造力。创造其实就是打破，就是时时反思："为什么要这样？"比如"别人都考大学，为什么我也要考大学？""大家都结婚生子，原因又为何？""别人都说找个稳定的工作更好，但'稳定'背后是什么？""别人都很忙，我闲着真的错了吗？""别人都不喜欢创造，我也该平庸地过一生吗？"……

越天才，越"神经"吗

　　霍华德·加德纳[①]指出，高创造力者虽然容易走极端，但他们最终的贡献可能更具有综合性（Gardner，1993）。这句话的潜台词是，高创造力者未必真的走了极端，他们只是做了别人一时难以接受的事情而已。

[①] "多元智能理论之父"、哈佛大学的教育学家、心理学家。其经典著作《智能的结构》出版后，多元智能这一观点随之风靡全球，被心理学界誉为哥白尼式的革命。他的另一部经典著作《多元智能新视野》则是多元智能理论的新发展和新实践。这两本书的中文简字体版已由湛庐引进，分别由中国纺织出版社、浙江教育出版社出版。——编者注

虽然人在应激因素刺激下可能会突发精神疾病，但在多数情况下，人的精神状态从健康到失常是一个从量变到质变的过程（Widiger & Lowe，2007），如从亚抑郁综合征到轻度抑郁或从心境恶劣到抑郁发作等，它们的边界其实并不十分明晰（Judd et al.，2008；Röttig et al.，2007）。再比如，在人群中，许多抑郁患者的症状虽未达到《精神障碍诊断与统计手册》中关于"抑郁发作"的诊断标准，但同样会对患者的个人生活造成不可忽视的负面影响。

亚抑郁综合征是一种阈下抑郁，而且是最常见、最隐匿且很容易被忽视的抑郁类型。有人认为，亚抑郁综合征是一种亚临床状态，患有亚抑郁综合征的患者会同时表现出 2 种及以上的抑郁症状（大部分或全部时间都存在，但少于抑郁诊断标准提到的 5 种），病程至少持续 2 周，且会出现正常社会功能受损的情况，但这并不符合轻度抑郁，更不符合心境恶劣或重度抑郁的诊断标准。

心境恶劣是一种持续存在的心境低落，有此症状的人心理状态一直都比较低沉，且持续时间很长，至少 2 年。有心境恶劣的人并没有典型的抑郁症状，没有明显的情绪低落、兴趣下降、自我评价低、始动力不足、疲劳不适等表现，也没有自杀念头或自杀行为，他们只是长期处于"精神面貌不振作"的状态。

事实上，"疯"与"不疯"对创造力的影响从来都不是直线的。鲁思·理查兹（Ruth Richards）等研究人员及众多科学家都倾向于认为，患轻度躁狂、正常但略有躁郁气质、正常但有精神分裂倾向等轻度精神疾病的人，更有可能带来伟大的创造；重度精神疾病则对创造力不利，而处于精神分裂症发作期的人或患有严重双相情感障碍的患者并未表现出真正的创造力（Claridge & Blakey，2009；Kyaga et al.，2013；Nelson & Rawlings，2010；Abraham，2014b；Rodrigue & Perkins，2012；Simonton，2014）。

除了精神分裂症与双相情感障碍，孤独症（Pring, Ryder, Crane, & Hermelin，2012）和注意缺陷多动障碍（Healey，2014）等疾病对创造力的影响同样错综复杂，需要进行进一步的深入研究。

恨比爱更有力量吗

闻名世界、多次被拍成影视作品的《了不起的盖茨比》讲述了一个"疯子"盖茨比不惜等待 10 年来报仇的故事。从一无所有的贫穷浪子到超级富豪，盖茨比的成就无疑需要大量创造性思维的累积。

埃勒里·奎因的《恶之源》讲述了一个与盖茨比的经历非常类似的故事：为了对曾经差点儿将自己置于死地的希尔和普里进行报复，年轻的生物学家亚当不惜用 10 多年的时间预谋了一场复仇：他将自己整容成对手最亲密的朋友，并与对手朝夕相处，然后利用一系列创造性方法致使仇人一个个死去，自己最终全身而退……

在众多电影作品中，仇恨人类的"大 Boss"想方设法为人类制造灾难，而英雄们在仇恨"大 Boss"的情感基础上，与同伴一起想出一个又一个绝妙的方法来化解危机。这就像自然界的生存斗争一样，如病毒不断升级出新变种，而在高级生物中，能够对抗新病毒的个体将拥有更多的后代，于是进化得以产生，大自然也因此变得更具多样性，生态系统也变得更强大、更稳定。

优秀的人更有可能忽略自己的精神疾病，原因之一是，他们所处的大环境通常缺少相关知识的普及，他们做的可能多是简单的、不需要心智能力的事情，所以在日常的生活和工作中，他们的"不正常"表现不会被自己及其他人关注，他们也不会产生看心理医生的想法。相对而言，名人的一切问题都会被放大，而且他们有足够的资本关注自己的心理健康问题，也更有可能得到身边人的健康建议。

创造力与精神疾病在行为方面的关联

精神病学家切萨雷·龙勃罗梭（Cesare Lombroso）是较早注意到创造力和精神疾病关系的学者之一。1864年，切萨雷考察了历史上一些著名艺术家和科学家的经历和精神状态，并声称许多具有创造性才能且有创造性成就的人都患有精神病，如贝多芬、牛顿、安德烈·马利·安培（André Marie Ampère）和卢梭等（Middleton，1935）。最早关于天才的历史测量学研究发现，在1 030位杰出人士中，4.2%的人曾出现过躁狂症状，8.3%的人曾出现过抑郁倾向。不过，这些仅是推测，所谓的"精神病"很多时候可能只是一些较古怪或不合世俗观念的行为而已。

创造力实验室

从20世纪60年代开始，西方出现了一些流行病学调查和心理测量学研究。例如，关于精神疾病的研究发现，母亲患有精神分裂症的孩子的创造力高于对照组的孩子（Heston，1966）。后来，约恩·勒弗·卡尔松（Jón Lòve Karlsson）发现，在双相情感障碍患者的血亲中，高创造力者所占的比例是一般人群的 6 倍；在精神分裂症患者的血亲中，高创造力者所占的比例是一般人群的 2 倍（Karlsson，1970）。

后来，南希·安德烈亚森（Nancy C. Andreasen）首次对该问题进行了系统研究，他采用临床访谈法对创造力突出的 30 名作家进行了为期 15 年的追踪调查。结果发现，有 24 名作家曾一次或多次罹患情感障碍（80%），其患病率显著高于对照组（30%），而且这种显著差异主要表现在双相情感障碍上（Andreasen，1987）。进一步分析发现，作家一级亲属的情感障碍患病率（18%）以及亲属中高创造力者所占的比例（53%）都显著高于对照组（分别为 2% 和 27%）。卡尔松后来的研究（Karlsson，1984）还发现，在精神分裂症患者的一级亲属中，在特殊领域的成就和高创造力者的人数均显著高于对照组。

一些高创造力者的"精神疾病倾向"可能主要体现在"与别人不一样"的现状及"我是否需要与他人一样"的内心冲突上。这意味着，原本一切完美的人，如果每天怀疑自己"是不是有病"，可能会诱发精神疾病。如果人们都能理解天才与一般人的差别，知道天才仅仅是比一般人更敏感而已，且不同的生活方式并无对错之分，那么世界上会少许多被"逼疯"的天才。

创造力实验室 ————————————————————————

20 世纪 80 年代以后，西方逐渐出现了与精神疾病和创造力相关的实验研究。例如，有研究发现，情感障碍尤其是双相情感障碍与高水平的艺术创造力有关（Andreasen，1996；Jamison，1996）。研究人员（Simeonova et al.，2005）以双相情感障碍患者的后代（一半是双相情感障碍患者，另一半是注意缺陷多动障碍患者）为实验组，将其与健康个体后代组成的对照组进行比较，结果发现，实验组的创造性思维得分都高于对照组。该研究首次证实了双相情感障碍患者或高危人群的创造力显著高于一般人群。

近期的一项研究发现，在双相情感障碍患者中断药物治疗期间，处于躁狂或混合发作期患者的创造力测验得分显著高于抑郁发作期的患者（Soeiro-de-Souza，Dias，Bio，Post，& Moreno，2011）。

目前，已有的关于创造力和精神疾病关系的行为研究主要是从职业或领域差异、人格特质和认知加工特征 3 个方面展开的。接下来，我们逐一进行探讨。

高创造力者患精神疾病的概率与职业选择倾向

整体上而言，作家尤其是诗人的双相情感障碍患病率较高（Kaufman，

2001；Kaufman & Sexton，2006），一流艺术家和作家患情感障碍的概率是一般人群的 6 倍（Jamison，1989）。阿诺德·路德维希发现，不同职业的人患精神疾病的概率也不同：诗人、小说家、音乐家的患病率为70%～77%；画家、散文作家、作曲家的患病率为 59%～68%；商人、建筑师、政治家、自然科学家的患病率为 18%～29%。**此外，不同职业的人患精神疾病的类型也不相同：作家、画家、作曲家更易患抑郁，演员、诗人、建筑师则更易患躁狂症。**

后来的研究也发现，创造力和精神疾病之间的关系具有领域特定性。在高度系统化的科学尤其是数学领域，研究人员发现了较多精神分裂症的阴性症状，如社会退缩、情感淡漠和快感缺乏。社会退缩表现为人由于缺乏形成与维持人际关系的动机或兴趣而导致社交互动及行为减少，人会表现出孤僻、不合群等与他人格格不入的特点；情感淡漠主要体现在人的表情、言语及表达性姿态上，人通常表现为情绪表达及对事件的反应减少；快感缺乏是指人对一系列活动或事件缺乏愉悦的体验。

而在低系统化的艺术领域，研究人员则发现了较多的阳性症状，如反复出现的幻觉和异乎寻常的思维（Nettle，2006）。在幻觉中，人们会看到或听到不真实的事物，最常见的是仿佛听到声音，即幻听；异乎寻常的思维往往指的是妄想，包括众所周知的被害妄想，在这种情况下，人们会觉得自己正被跟踪或被迫害。另外，妄想也可以表现为人自认为是名人或拥有超人的力量。从这个意义上说，高创造力的钢琴家、画家等艺术家更有可能出现分裂型人格障碍或轻度躁狂等症状，但对于从事人文社科或自然科学等领域的科学家而言，高创造力可能是种较轻的"诅咒"，他们可能只表现出孤独倾向（Rawlings & Locarnini，2008）。

创造力实验室 ────────────────────────────────

> 瑞典的一项流行病学研究追踪了近 30 万名精神分裂症患者、双相情感障碍患者和抑郁患者及其亲属。该研究发现，精神分裂症患者、双相情感障碍患者或双相情感障碍患者的亲属更有可能在与艺术、科学等有关的高创造性领域工作，如他们可能是作家、摄影师、舞者或研究人员等（Kyaga et al., 2011）。
>
> 随后的一项针对 117 万人的研究（Kyaga et al., 2013）证实，从事高创造性行业的人患双相情感障碍的概率显著高于一般人；双相情感障碍患者、精神分裂症患者的一级亲属及孤独症患者的兄弟姐妹，大多从事创造性行业。此外，作家与精神疾病的多种类型均有关系，如双相情感障碍、精神分裂症、抑郁、焦虑症等，且作家自杀的概率比一般人高约 50%。

说到高创造力的艺术家，凡·高就是其中之一，他为世人留下了众多极富创造力的画作，其中，《星空》是凡·高最出名的作品之一，其抽象性为后人留下了巨大的解读空间。一些人由此想到广义相对论、引力原理、湍流、量子力学的弦理论等诸多物理学现象或理论，并认为这幅画不仅是抽象艺术的巅峰，更是对数学艺术的极致表达。

在一般人眼中，《星空》充满着不可思议的创造力。一般人不可能将星空看成《星空》中画的模样，但对一些存在幻觉或幻想症的人来说，这样的图景在他们脑中可能是常态：他们的世界本来就是这个样子，不用努力创造就可以表现出常人认为的"独一无二"。他们可能会说："我就是看到了，然后照实表达出来而已。"

高创造力者与精神病患者共有的人格特质

从心理测量数据上说，拥有某些人格特质的人更容易出现情感障碍（Walsh et al., 2012），也更有可能成为绝世天才。艺术家在艾森克人格问卷（Eysenck Personality Questionnaire，EPQ）上的精神质（Götz et al., 1979）与分裂质（Nelson & Rawlings, 2010）方面的得分更高，且得分越高的人，其艺术成就越大（他们眼中的世界与常人眼中的世界差距很大）。此外，相对于大学生，职业演员（Fink, 2012）在创造力与精神质上显示出了"双高"倾向。

如前所述，开放性永远是核心。**开放性和冲动性是联结双相情感障碍与创造力的重要特质**（Murray & Johnson, 2010）。此外，部分精神疾病患者与高创造力者共有的人格特质还包括寻求新异刺激和自我超越以及情绪性和自我反思式沉浸等（Sasayama et al., 2011；Strong et al., 2007；Verhaeghen, Joorman, & Khan, 2005）。例如，作曲家罗伯特·舒曼的大部分作品都是他在轻度躁狂状态下创作出来的，而他在严重抑郁发作期间并没有创造出任何作品——患有双相情感障碍的人在轻度躁狂状态下通常思维活跃。另外，通过共同的潜在思维风格，可以将沉思与创造力联系起来，尤其是对作家和诗人来说，关注自我和自我感受可能是创作活动的重要组成部分。

整体来说，精神质和开放性对任何领域的创造力都有促进作用，神经质和内向性则只能为某些职业带来便利，如绘画、视觉艺术等（Acar & Runco，2012；Pavitra，Chandrashekar，& Choudhury，2007；Haller & Courvoisier，2010）。就像腰肢柔软的人更适合舞蹈，而舞蹈能使人身体更加苗条一样，人格特质与创造性活动也存在类似的相互促进现象。

事实上，天才与疯子可能存在一些常人不喜欢的人格特质，如自私、自大、过分专注、缺乏共情、爱操纵他人、极度追求成就感等。一些人认为，常人之所以成为常人，就是因为他们太关注"正常"而忽视了自己内心的渴望。

据说，爱因斯坦一直对穿衣很不讲究。某天，爱因斯坦刚到某地时，有人建议他在外表上稍微上点儿心，他答道："没关系，反正大家都不认识我。"后来他出名了，有人再次提出同样的建议，他则回答道："没关系，反正大家都认识我了。"

对"大牛"们来说，他们已经得到社会的认可，有了支持者，自然可以"肆无忌惮"地做自己——支持他们的人永远会支持他们，不支持他们的人对他们完全不会产生影响。而对一般人来说，"没朋友"是很可怕的事情，缺少社会支持很容易导致一个人的生理和心理出现问题。

说到成功人士更可能以自我为中心，其实我们可以从以下角度来思考：在正常人中，以自我为中心的人因为关注自己内心的需要，所以他们更有可能心无旁骛地专注于自己感兴趣的事情，从而取得很大的成就。而这种以自我为中心的态度往往不讨人喜欢。罗伯特·斯滕伯格

（Sternberg，2003）认为，高创造性产品往往容易因为不被理解而被民众排斥。

高创造力者与精神疾病患者共有的认知加工特征

创造力实验室 ——————————————————————————

> 安德烈亚森（Andreasen，1975）对作家、精神分裂症患者及躁狂症患者进行研究后发现，作家在行为和概念的过分包涵（over-inclusiveness）[①] 方面与躁狂症患者类似，不同的是，作家的回答更有逻辑性，而躁狂症患者怪异、无序的思维较多。凯·雷德菲尔德·贾米森（Kay Redfield Jamison）[②]发现，中度躁狂状态对高水平构思的流畅性、联想速度、组合思维（包括不一致的联结和比喻）以及"松散"的加工（包括不相关想法的侵入）等均有益处，而作为认知特征的消极情绪对问题解决的新奇性和创造力有促进作用（周国莉，周治金，2007）。这说明，作家思维模式的某些特点与情感障碍患者相似。

————————————————

[①] 过分包涵是精神分裂症和分裂状态下的一种特征性思维和言语障碍，表现为无法保持概念界线，导致加入无关或关系较远的东西，从而导致思维不准确。

[②] 全球躁郁症专家，约翰斯·霍普金斯大学医学院精神病学系教授。贾米森在《躁郁之心：我与躁郁症共处的 30 年》这套书中，以躁郁症患者和研究者双重身份，细腻地呈现了自己从少女时代起与躁郁症纠缠的心路历程。该套书的中文简体字版已由湛庐引进、浙江人民出版社出版。——编者注

　　许多心理学家和艺术家也认为，精神疾病的某些特征有助于艺术家发挥创造力潜能。他们认为，精神疾病的常见特征，如在躁狂期或精神分裂症发作时出现的某些认知风格（自动思维、高模糊容忍度和较强的变换能力等），有助于艺术家形成独特的观念和思维联想，如在进行绘画创作时，艺术家更容易捕捉到不同线条、颜色、光影等元素之间的联系，而这些联系通常不会被常人留意到。

　　得益于病症带来的独特能力，艺术家能以新的角度看待事物。同时，精力充沛、工作时注意力高度集中、情绪高涨等非认知特征，也都是从事创造性工作所需的（Fisher et al., 2004）。精神质的人格特质不仅对应于过分包涵的认知风格（Eysenck, 1995），增加了不同的心理成分之间近距离或远距离联系的可能性，并尤其能反映创造力远距离的、原创性的、令人意外的元素组合；而且还常常使人表现出孤僻、以自我为中心等特征，即社交-人际障碍，从而使人把大量时间和精力投入创造性工作中。

创造力实验室 ————————————————————————

　　有研究人员发现，语义记忆过程中激活相关信息并抑制无关信息的能力降低与分裂人格特征有关，尤其是阴性分裂人格特征，如情感淡漠和社交隔离（Kiang & Kutas, 2005）。

　　如果将人脑中的各种语义概念聚集成一个网络，那么相比于正常人，具有分裂人格特征的人群更容易激活那些距离较远的概念，因为其抑制无关信息的能力降低了，而这正是导致精神分裂症患者言语紊乱的重要原因。这些证据似乎表明，在创造力与精神障碍的关联中，相关认知功能和人格之间可能存在一定的联系。

基于前文提到的盲目变异和选择性保留理论，我们推测，创造力与精神障碍联结的关键在于盲目变异过程，而高创造力者与精神障碍患者的区别主要在于选择过程和保留过程。盲目变异过程与创造性观点或产品的新奇性有关，而选择过程和保留过程与有效 / 真实性有关。也就是说，既有研究所得出的创造力与精神疾病存在关联的结论，可能更多地局限于创造力的新奇性维度。精神病倾向可以让人的意识中同时存在多种想法，这提高了人产生新奇想法的可能性，从而间接地提高了人的创造力。

不过，只有新奇性和有效性两个重要标准同时得到满足时，创造力才能实现最大化。虽然高创造力者与精神分裂症患者在产生新奇想法的倾向上类似，但前者比后者更能对自身观点的输出进行有效控制，也能更好地对创造性观点的适宜性进行评价和检验（Merten & Fischer，1999）。

此外，有研究表明，无意识思维的优越性只体现在创造力的新奇性维度，而未体现在有效性维度上（Yang，Chattopadhyay，Zhang，& Dahl，2012）。我们每时每刻都在无意识地进行思考，而无意识思维很可能擅长搜索广泛的信息，以产生更多新想法。俗话说"广撒网，多捞鱼"，想法的总数量提高了，新奇想法也会增多。而有意识思维则精通按特定规则进行精确加工，体现了创造性想法的有效性。

我们可以这样理解：在创造性想法的产生过程中，无意识思维像"幻想家"，而有意识思维像"实干家"。精神分析理论认为，无意识加工异常既是多种精神疾病的根源，同时也为精神疾病的治疗指出了方向（Sulloway，1992）。

那么，无意识思维在创造力与精神疾病的关联中具体起着何种作用？具体机制如何？其对创造性思维促进作用的边界条件是什么？这些问题仍然需要进一步探索。

未来风向标

未来的研究应在不断细化创造性思维的不同阶段或过程的基础上，进一步探讨影响不同加工阶段的因素，如不同的认知策略在信息组织、观念产生和观念评价等过程中的作用等。从创造过程的角度动态地考察创造力的具体认知过程或成分在精神疾病患者与正常人身上的异同，有助于我们发现创造力与精神疾病之间更细致、更全面的关联。

值得注意的是，精神疾病是多基因遗传病（Gottesman & Shields，1967），其临床表征受多种基因及环境等因素的影响，这给精神疾病的研究带来了较大的挑战。

大量关于精神分裂症患者、双相情感障碍患者及其一级亲属和正常人群的研究发现，三者的认知损害程度呈递减趋势，且两种患者的认知缺陷状况很难得到改善，尤其是执行能力、工作记忆、注意警觉和语义流畅性等方面的问题。具体而言，患者通常会表现出难以制订、完善、形成和执行各类计划，纠错能力下降，以及自发产生词汇的能力降低等问题。由此可见，认知功能可作为精神分裂症和双相情感障碍的候选内表型指标。

目前，研究最多且结果被广泛重复验证的精神分裂症和情感障碍共同的潜在认知内表型，主要有持续性注意、选择性注意、工作记忆和执行功能等。对创造力而言，这些可以反映出精神疾病遗传危险性的潜在认知内表型同样可以起到关键作用。

以内表型为基础进行的关联和连锁研究已经取得了一定的成果，但在精神医学领域中的应用还处在初步阶段，科学家仍在努力探索适合衡量潜在认知内表型的指标。

未来风向标

未来的研究可以就以下问题进行探索：是否真的可以鉴别出精神疾病的高危个体，甚至可以对精神疾病患者的患病情况进行预测？哪些指标既可作为反映精神疾病易感性的内表型指标，同时也与创造力密切相关？在精神疾病与创造力的关联中，特征性的认知功能异常症状是作为一种状态性特征在发挥作用，还是一种具有稳定持续性的素质性特质？

创造力与精神疾病在神经机制方面的关联

创造力和精神疾病相关联的一个重要方面体现在神经机制层面，对于这方面的探索，研究人员主要是基于大脑结构、大脑功能和大脑两个半球的差异进行的。

大脑结构

精神分裂症患者的大脑结构与正常人可能存在差异。越来越多的证据表明，神经异常可能是精神分裂症的遗传标记（Insel，2010；Rapopoit，Addington，Frangou，& Psych，2005）。

我团队的研究发现，精神分裂症患者与高创造力者的一些脑区都表现出较高的熵值。另一项探讨易感标志的研究表明，精神分裂症的高风险标志之一是前扣带回结构异常（Fornito et al.，2008）。此外，有研究人员（Honea et al.，2008）认为，精神分裂症患者及其一级亲属共同存在的异常脑区可能是精神分裂症的中间表型[①]。

值得一提的是，创造力水平不同的人，其大脑结构可能也存在差异。

创造力实验室 ————————————————

关于大脑结构与创造力关系的研究（Jung et al.，2009）

[①] 中间表型是一种可遗传性状，位于从遗传易感性到精神病理学的发病路径上，可能与更基本和更近端的病因过程有关，因此更适合遗传学研究。

发现，人的发散思维能力与额叶皮层厚度、前扣带回内的 N- 乙酰天门冬氨酸水平（神经元密度的标志）之间存在显著负相关。

在有关脑损伤和脑成像的数十项研究基础上，神经学家爱丽丝·弗莱赫蒂（Alice Flaherty）提出了三因素脑解剖模型（three-factor anatomical model）。她认为创造力依赖于额叶、颞叶和边缘系统形成的大脑网络：额叶主要负责想法的新奇性、远距性，额叶损伤会造成大脑对想法新奇性和远距性的判断异常；颞叶主要负责想法的新奇性；边缘系统主要负责新奇性寻求和创造性驱力。

研究人员（Moore et al.，2009）进行的结构影像研究结果表明，正常成年人的胼胝体与白质总体积的比值与其创造力得分呈负相关。由此可以证明，创造力和精神疾病存在关联的主要脑区可能在额叶、颞叶、边缘系统和胼胝体。

更直接的证据来自李亚丹的研究（李亚丹，2019）。李亚丹通过研究探讨了亚临床抑郁个体大脑结构形态学变化与创造力的关系。研究结果显示，亚临床抑郁组被试的创造性思维得分显著高于无抑郁对照组；此外，与无抑郁对照组相比，亚临床抑郁组被试的右侧额下回、左侧额上回和右侧额中回的灰质体积较大，而其左侧颞上回、左侧额中回、左侧额下回和右侧海马旁回的灰质体积较小。该研究结果可能反映了亚临床抑郁个体外侧前额叶自上而下的调控功能有所降低，导致其在信息加工过程中出现认知去抑制和潜伏抑制水平降低，因此他们容易产生创造性想法。潜伏抑制降低是亚临床抑郁个体表现出较高创造性思维水平的关键认知机制，另外，前额叶皮层在这方面起着重要作用。

大脑功能

对精神疾病患者亲属进行的大脑功能成像研究显示，这些人虽未患病，但其大脑功能与一般人仍然存在差异。这些差异可作为鉴别精神疾病的神经生物易感标志（Thermenos et al.，2004）。例如，研究人员对精神分裂症患者的亲属和正常对照组进行比较后，未发现二者在工作记忆方面的明显差异，不过精神分裂症患者亲属即使未表现出明显的认知功能异常，仍表现出前额叶神经通路的功能异常；精神分裂症患者也有类似的表现（Callicott et al.，2003）。

匹配过滤假说认为，前额叶在创造性过程中可以起着自上而下的监控、评估和修正等作用，如果其监控功能过强，则不利于新奇想法的产生；相反，如果此功能减弱，那么前额叶皮层后部或前额叶皮层下特定脑区（如感觉运动皮层、基底神经节）的活动会增强，这有助于创造性任务的完成。研究人员（Fink et al.，2009）同时使用功能性磁共振成像和脑电图技术对被试完成多种创造性任务所使用的大脑功能进行了比较，结果发现，被试在完成创造性任务时会主动"切断"额叶的监控和优势联结，从而使在表面上似乎不存在联系、意义距离遥远的事物之间建立新联结。

失连接假说认为，某些脑区内部和各脑区之间的连接异常会导致精神分裂症。大脑（尤其是前额叶）白质完整性降低可导致灰质之间的信息传递效率（尤其是执行功能）降低。有研究发现，精神分裂症、分裂型人格障碍和双相情感障碍都会导致额叶的部分各向异性（fractional anisotropy，

FA）值降低，这种异常与认知功能中的执行功能、言语记忆有关（Kubicki et al.，2007）。

　　进一步研究表明，前额叶失连接可能是精神分裂症阳性症状和注意力等认知功能障碍的神经病理基础（Pettersson-Yeo et al.，2011）。但使用弥散张量成像技术进行的研究发现，前额叶的白质纤维完整性指标部分各向异性值与高创造力、高开放性有关（Jung, Grazioplene, Caprihan, Chavez, & Haier, 2010）。研究人员由此认为，高创造力可能与导致额叶部分各向异性值降低的疾病有关，如双相情感障碍、精神分裂症等。

创造力实验室 ————————————————————————————

　　　　研究发现，精神分裂症患者和情感障碍患者的大脑功能连接出现了紊乱（Liu et al., 2008）。还有研究表明，精神分裂症患者的大脑网络（尤其是前额叶皮层）的拓扑结构发生了异常改变（Bassett et al., 2008），且其大脑功能网络的全局和局部属性与随机网络更相近（Micheloyannis et al., 2006；Rubinov et al., 2009）。

　　　　另有研究结果显示，精神分裂症患者的默认网络出现了异常。通常，在人脑不处理任务的静息状态下，默认网络仍会持续进行某些功能活动，它与人脑对内外环境的监测、维持意识觉醒、"白日梦"、自我内省和情绪功能等密切相关。精神分裂症患者由于很难集中注意力，因此经常不受控制地进入"白日梦"状态，情绪多变，且关于自我的概念也会发生混乱。

　　默认网络对人的创造力起着重要作用，这在大量实证研究中得到了证明。创造力越高的正常人在完成困难的工作记忆任务时，他们的楔前叶激活水平越高（Takeuchi et al.，2011）。结合以往研究，研究人员认为楔前叶上任务诱发负激活的减弱间接反映了一个现象，即创造力越高的人在完成特定任务时越难有效地重置认知资源，也越难抑制与任务不相关的自发心理活动，如随机思维，同时越难减少此类心理活动的干涉作用。在此基础上，研究人员利用静息态功能性磁共振成像技术探究了正常人的发散思维能力，结果发现，人的创造力越高，其内侧前额叶与后扣带回的功能连接越强。由此可以认为，高创造力者与精神分裂症患者的某些大脑活动模式存在相似性。

　　还有研究（Fink et al.，2014）发现，在创造性思维过程中，提出新奇问题能力越强的人，其楔前叶激活水平越高。此外，在分裂质方面得分较高的人，其在创造性思维过程中也显示出类似的大脑激活模式。

　　综上所述，创造性思维和精神病倾向在一定程度上存在重叠或存在类似的认知加工过程，这一观点在大脑功能研究层面得到了支持。

大脑左右半球的差异

　　早在 1879 年，精神病学家就提出，具有高度自动化和进化特征的大脑左半球是最易受精神疾病影响的脑区（Crichton-Browne，1879）。神经生理学研究结果显示，双相情感障碍患者和精神分裂症患者的左侧海马体积均有所减少，且其右侧颞叶大于左侧颞叶（Strasser et al.，2005）。精神分裂症患者及其亲属在大脑左右半球结构和功能上的不对称性常态发生了异常改变（左半球优势减弱或消失），其偏侧化损害表现为大脑左半球损害较大脑右半球严重（Oertel-Knöchel & Linden，2011）。**由于右利手与大脑左半球优势相关联，有研究据此认为，精神分裂症患者比非精神分裂症患者更常使用左手，也有研究认为，精神分裂症患者更有可能双手并用。**

创造力实验室 ————————————————————————————

　　许多研究人员认为，大脑右半球较大脑左半球具有更高的相互连通性，且大脑右半球（尤其是前颞上回）与言语创造力的关系变异性更大。大量研究发现，大脑右半球在远距离联想（remote association）和复杂的创造性任务方面表现出优势；高创造力者更多激活大脑右半球，低创造力者的大脑左右半球激活差异并不显著（Fink et al.，2009）。

　　元分析结果进一步表明，大脑右半球在创造性思维方面也表现出优势，且这种偏侧化模式不受任务类型的影响（Mihov, Denzler, & Förster, 2010）。脑损伤研究表明，大脑右半球前额叶损伤的人的创造力降低，而大脑左半球颞顶联合区损伤的人的创造力提高（Mayseless, Aharon-Peretz, & Shamay-Tsoory, 2014；Shamay-Tsoory et al., 2010）。

　　研究人员（Folley & Park, 2005）还发现，具有分裂型人格特质的被试的发散思维能力优于精神分裂症患者和正常被试，且其大脑右半球前额叶激活水平的增加起了关键作用。有研究（Rominger et al., 2014）表明，紧握左手（此时大脑右半球被激活）能促进人的图画创造力，但这仅在被试分裂型人格的阳性症状表现分数较低时才会表现出来。

研究人员据此认为，分裂型人格特质在此表现出来的调节作用源于大脑右半球的活动，因此，大脑右半球中可能存在创造力、分裂型人格倾向共有的神经基础。

然而，"大脑结构尤其是白质的单侧化如何影响创造力？""精神疾病与创造力各自体现出的偏侧化究竟有何区别和联系？"这些问题仍需进一步研究论证。

由此可知，已有的脑成像研究和神经心理学研究所提供的神经生理水平实证证据，揭示出创造力可能与大体脑区以及创造力和精神病倾向脑神经基础的异同有关，这加深了我们对创造力背后的神经机制和精神疾病大脑机制的理解。不过，但仍有许多问题亟待解决，未来的研究可以从以下这些方面展开。

未来风向标

虽然创造力与额叶等脑前部结构的相关关系较明确（de Souza et al.，2014），但先前的研究并未整合以下内容：创造性过程中可能存在的加工通路有哪些，不同关联脑区是如何相互影响的，以及多个关联脑区是如何经由功能连接将创造力的不同加工过程结合起来从而产生多种创造性产品的。因为无论是创造力还是精神疾病，其神经基础都不是各个脑区的简单相加，而是各要素之间的相互协作、相互联通与动态交互。目前，探讨功能模块联动形成的高级神经心理活动依然是难点，尚待进一步研究。

在了解创造力相关的大脑局部网络和全局网络连接模式的基础上，我们需要进一步探明：大脑结构网络能否为功能网络的变化提供神经基础，功能回路是如何与其结构基础相互作用、交互整合的，以及创造力和精神疾病是否存在共同的脑内神经回路。

使用计算机建模探索创造性过程中不同脑区之间的联结强度、密度，对大脑网络的结构连接和功能连接特性进行探究，并从大脑网络的角度研究精神疾病与创造力的联系。

用脑电图脑区间相位耦合、功能性磁共振成像因果联结等技术，明晰由疾病导致的大脑网络组织结构病变和创造性思维过程中的大脑网络组织结构，以及二者之间的异同。

融合基于任务态和静息态等不同模态构造的网络模型，对影像结果进行更加合理且深入的解释。

在影像学研究方面，理解大脑功能塑造对大脑结构的影响及其变化规律。

创造力与精神疾病相关联的遗传学密码

美国的"加尔文家族"可以被称作是世界上著名的"精神病家族"。

父亲多恩·加尔文（Don Galvin）和母亲咪咪·加尔文（Mimi Galvin）在婚后 20 年间总共生了 12 个孩子。他们最大的孩子——唐纳德，在 17 岁那年的一个晚上，站在厨房的水槽前，一下子砸碎了 10 个盘子。在这之前，他就常常感到难以控制自己，且这种情况越来越频繁。然而，这只是个开始。

此后的一段时间里，他开始表现出一系列精神分裂症的症状，如害怕与室友的日常接触会让自己传染上性病；他曾向鱼缸中倒盐，试图"毒"死所有的鱼；等等。此外，他的几个弟弟在随后短短 10 年间，同样患上了严重的精神分裂症，整个家族被拖入无底深渊。《纽约时报》的一篇文章曾经使用"希腊悲剧级的经历"这样的描述来形容加尔文一家的遭遇。

当时有人提出，精神分裂症患者的病因源于其母亲，他们觉得精神分裂症患者之所以患病，是因为严厉专制的母亲使得他们在幼年遭到冷落。这样的观点曾经盛行一时。在这样的时代背景下，咪咪·加尔文以及其他许多精神分裂症患者的母亲就无端地成了替罪羊。

直到后来，精神病学家琳恩·德利西（Lynn Delisi）开始关注这个家庭，并意识到除了后天养育的因素，可能还有先天遗传的影响，继而导致加尔文家族多个家庭成员都出现精神分裂症状。在这之后，人们对精神分裂症的理解才踏上了一个更高的台阶。利用新兴的全基因组关联分析技术，德利西及其同事发现，加尔文家所有患精神分裂症的男孩都有相同的基因突变，这一突变位于一个被称为 SHANK2 的基因上，而这个基因在大脑神经元的"沟通交流"中扮演着非常重要的角色。

同时，科罗拉多大学的精神病学家罗伯特·弗里德曼（Robert

Friedman）在研究精神分裂症的过程中，也发现了一个与精神分裂症高度相关的、被称为 CHRNA7 的基因，这个基因在认知功能、感觉信息加工、记忆等神经活动中都起着重要作用。

2014 年，在《自然》杂志发表的一篇论文中，研究人员对 36 989 名精神分裂症患者的 DNA 展开了全基因组关联分析，共发现 108 个可能与精神分裂症相关的基因位点。目前，科学界普遍比较认同的是，这类研究发现的基因位点或许都与精神分裂症的发生相关，但每个位点的作用十分微弱，它们需要与包括后天环境因素在内的诸多因素综合在一起，才会导致精神分裂症的产生。

创造力和精神疾病的关联与基因遗传有关

基于现有研究证据可知，创造力和精神疾病都有遗传基础。相当多的证据表明，**与正常人相比，高创造力者的后代具有较高创造力的概率高，但这些后代患精神疾病的概率也较高**（Jamison，1989；Richards，Kinney，Lunde，Benet，& Merzel，1988）。双生子研究结果发现，特定人格特质的遗传变异性与创造性成就之间的联系比较密切（Schermer，Johnson，Vernon，& Jang，2011），表明创造力和精神疾病之间的相关关系与基因遗传学有关。

目前，关于创造力基因基础的研究主要集中在多巴胺递质系统、5-羟色胺递质系统相关基因以及与精神疾病高度相关的基因神经调节蛋白的多态性等方面。

创造力实验室 ———————————————————————————

> 　　与创造力关系密切的多巴胺递质系统基因主要包括多巴胺 D2 受体（DRD2）、多巴胺 D4 受体（DRD4）、多巴胺转运蛋白（DAT）和儿茶酚 -O- 甲基转移酶基因。该领域首项关于一般创造力和基因关系的研究（Reuter, Roth, Holve, & Hennig, 2006）发现，多巴胺 D2 受体基因与 5- 羟色胺递质系统的色氨酸羟化酶 1（TPH1）基因可以解释创造力总分中 9% 的变异，且多巴胺 D2 受体的 A1+ 等位基因与言语创造力呈正相关。
>
> 　　对汉族人群所做的研究发现，多巴胺 D2 受体基因与发散思维测验的言语流畅性和新奇性都显著相关（Zhang, Zhang, & Zhang, 2014a）。有研究发现，丘脑的多巴胺 D2 受体密度与发散思维分数呈显著相关（De Manzano, Cervenka, Karabanov, Farde, & Ullen, 2010）。

　　既有研究结果都显示，多巴胺 D2 受体与新奇性寻求、双相情感障碍和精神分裂症都存在相关性。由此可见，创造力与双相情感障碍、精神分裂症在基因层面存在密切关系。

　　研究人员还发现，多巴胺 D4 受体基因和多巴胺转运蛋白基因与发散思维（尤其是流畅性和灵活性维度）和新奇性寻求呈显著相关。先前研究早已发现，多巴胺 D4 受体基因与精神分裂症和双相情感障碍的患病风险、妄想症状以及新奇性寻求均存在显著关联。已有研究表明，多巴胺转运蛋白功能失调的人更容易得精神分裂症和双相情感障碍，因为他们脑内的多巴胺系统过度活化了（Haeffel et al., 2008；Laakso et al., 2001）。

创造力实验室

> 有研究（Ukkola et al., 2009；Runco et al., 2011）发现，儿茶酚 -O- 甲基转移酶基因与音乐创造力、发散思维的流畅性呈显著相关。不同儿茶酚 -O- 甲基转移酶基因型的具体影响也不同：Val+ 等位基因（包括 Val/Val 和 Val/Met 变异体）与精神分裂症和双相情感障碍的患病风险以及较差的执行功能和延迟记忆能力相关；Val- 等位基因（Met/Met）与认知灵活性、智力情绪高以及较好的工作记忆有关。也就是说，具有 Val+ 等位基因的人更容易得精神分裂症和双相情感障碍，与正常人相比，他们在一些任务上表现得更糟糕；而具有 Val- 等位基因的人比较幸运，他们在许多工作的执行过程中都有较好的表现。
>
> 不过，也有研究发现了一些与此不一致的结果。例如，有研究人员发现，相对于 Val/ Val 型基因携带者，Met/Met 型基因携带者负责控制认知行为、情感加工的系统更易达到负载极限，进而使其调节消极情绪的能力降低（Drabant et al., 2006；Smolka et al., 2005）。后续研究还发现，Val/ Val 型基因携带者比 Met/Met 型基因携带者的想象力水平更高（Lu & Shi, 2010）。

对 5- 羟色胺递质系统基因与创造力个体差异的研究主要包括 5- 羟色

胺转运体（5-hydroxy tryptamine transporter，5-HTT）基因多态性和色氨酸羟化酶 1 基因。

创造力实验室 ————————————————————————————

许多研究都发现，5- 羟色胺转运体启动子区（5-HTTLPR）多态性与言语和图画创造力、舞蹈创造力以及开放性有关。另有资料表明，5- 羟色胺转运体启动子区多态性与双相情感障碍的患病风险也有关（Bellivier et al.，2002；Shah et al.，2008）。边缘系统在情绪反应中起着重要作用，大脑皮层系统尤其是前额叶的调控失效会导致患者产生过弱或过激的、不适当的情绪反应。5- 羟色胺转运体启动子区的遗传变异会导致情绪加工神经网络（如前额叶- 杏仁核通路）的结构和功能出现异常，最终导致大脑皮层系统（主要是前额叶）无法有效调控边缘系统对情绪刺激的反应（Roiser et al.，2009；Surguladze et al.，2008）。

此外，相关研究发现，色氨酸羟化酶 1 基因与创造力总分、流畅性维度得分以及音乐创造力呈显著相关（Reuter et al.，2006a；Runco et al.，2011；Ukkola et al.，2009）。而且众多研究证实，色氨酸羟化酶 1 基因在攻击性人格特质、精神分裂症和情感障碍的发病以及情感障碍患者的自杀行为中扮演着重要角色（Chen，Glatt，& Tsuang，2008；Hennig et al.，2005；Souery et al.，2001；Zaboli，Jönsson，Gizatullin，Åsberg，& Leopardi，2006）。

近期的一项研究直接证实了创造力与精神疾病可能存在相同的遗传基础，且神经调节蛋白 1 基因的多态性（T/T 基因型）与高智商正常群体的创造性思维测验得分、创造性成就之间存在显著的相关关系（Kéri，2009）。也就是说，具有 T/T 基因型的高智商者可能具有更高的创造力。

在不同群体中，神经调节蛋白 1 基因与精神疾病（尤其是双相情感障碍和精神分裂症）之间存在相关关系得到了广泛的证明。

T/T 基因型还与工作记忆能力较低、精神分裂症发病前智商较低、认知任务中额叶和颞叶的激活减弱以及左侧丘脑前辐射区部分各向异性值较低等有关。该基因会导致精神疾病患者的工作记忆能力和智商降低，并导致其相关的大脑网络发生变化。

精神疾病是多个神经递质系统异常相互作用的结果

上述众多研究虽然从基因水平揭示了创造力和精神疾病存在关联的部分遗传机制，但单个基因的效应量往往是很微小的（约 1%），无法很好地解释遗传模式复杂的特质或疾病的高遗传度[1]（Plomin，Haworth，& Davis，2009）；同时，研究结果也往往无法得到重复验证。于是，研究人员开始关注多种基因之间的交互作用及其与创造力各个维度之间的关系。

创造力实验室

研究人员发现，4 组二元基因的交互作用（如多巴胺

---

[1] 即个体差异中由遗传因素所能解释的百分比。

D2 受体 × 多巴胺 D4 受体）和 2 组三元基因的交互作用（如多巴胺 D2 受体 × 儿茶酚 −O− 甲基转移酶 × 多巴胺 D4 受体）对言语创造力（流畅性和新奇性）有显著影响（Murphy，Runco，Acar，& Reiter-Palmon，2013）。

随后，对汉族人群所做的基因与基因交互作用分析显示，2 组四元基因的交互作用和 1 组三元基因的交互作用分别与言语流畅性和灵活性以及图画灵活性存在关联（Zhang，Zhang，& Zhang，2014）。这些研究结果提示，儿茶酚 −O− 甲基转移酶多态性和多巴胺受体多态性的相互作用，可能会共同调节前额叶的多巴胺水平，从而影响复杂的创造性认知加工。

目前，越来越多的证据表明，精神疾病的发生是多个神经递质系统（如多巴胺能和 γ - 氨基丁酸能传递系统）异常相互作用的结果。在同一信号的传导通路上，疾病的发生风险增加可能是由不同分子遗传变异之间的联合作用或协同作用所致（Harrison & Weinberger，2005；Kidd，1997）。因此，进行多基因以及多位点的分析研究，以发现更多疾病易感基因或相关生物学通路，将更有助于揭示创造力与精神疾病相互关联的全貌。

研究人员探究创造力与精神疾病的关系面临着巨大的挑战，因为基因与环境之间、基因与递质之间、不同基因之间存在着极其复杂的关系。目前，对于如何利用全基因组关联研究产生的分型数据来构建基因调控网络，已成为研究热点。不过，单个全基因组关联研究样本很难满足研究需要，而全基因组关联研究需要高昂的实验费用和巨大的工作量。因此，合并多个研究数据的全基因组关联研究的元分析是很有意义的尝试，可以更经济、更高效地对现有全基因组关联研究数据进行深度挖掘，从而提高发现易感基因 / 位点的可能性（Bush & Moore，2012）。

纵览相关研究，一些重要发现已在现有关于创造力与精神疾病关系的分子遗传学研究中得到揭示，但我们仍缺少对创造力与精神疾病相互关联的候选基因及其交互作用机制的直接探讨，且诸多问题仍需进一步深入探讨。虽然已有研究找到了共同影响创造力与精神疾病的候选基因，但关于它们是否与创造力和精神疾病存在相同的关联模式，以及它们如何共同调节或影响创造力与精神疾病等，我们仍知之甚少。

神经发育障碍假说提出，在发育早期，不同基因变异之间的协同作用会影响大脑发育，造成大脑生化、形态和功能等方面的遗传差异，进而导致这些脑区或神经网络出现异常的可能性增高，且其在与环境、应激等因素的相互作用后会加剧神经退行性病变，最终可能改变人患精神疾病的易感性。也就是说，不同基因型的人由于各种因素的影响，其患精神疾病的风险不同。这些改变是以内表型的形式存在的。

如果存在这些异常内表型的人在发育过程中遇到与致病有关的不利因素（如外伤、应激等）或其他生物学因素，则可能会出现精神病理性改变，如果达到了精神疾病的患病阈值，可能出现临床发作（Cornblatt & Malhotra，2001）。如某人由于某些精神刺激突发精神疾病，这可能不单单是精神刺激造成的结果，而主要是由于其携带的精神疾病相关异常基因早就埋下了"祸根"，他以前没发作可能是由于刺激没有达到患病阈值。

　　由上述内容可推断，在创造力与精神疾病的关系中，多巴胺递质系统和 5- 羟色胺递质系统相关基因发挥的重要作用，不仅会导致不同基因型或基因型组合的人的创造力水平、精神障碍患病风险不同，不同的基因型还可能会伴随大脑结构和相应功能的差异。研究发现，儿茶酚 -O- 甲基转移酶和 5-HTT 等基因变异以及不同基因多态性之间的交互作用，会影响与精神疾病的病理生理机制密切相关的情绪加工及调节的主要神经回路。这些神经回路的结构和功能异常容易导致精神分裂症和双相情感障碍的发生（ Shah et al.， 2008；Surguladze et al.， 2008；Zhou et al.， 2008 ）。

　　那么，与精神疾病相关的神经回路究竟受哪些基因的调控？不同的基因多态性如何调控这些神经回路？这些调控模式是否同样影响与创造性认知加工相关的神经回路？更为具体的调控机制又如何？对于这些问题，目前我们尚不清楚。

　　我们推测，不同基因对与创造力和精神疾病相关的多个脑区以及这些脑区形成的加工网络的调控作用，可能存在两种方式：直接调控和间接调控。一方面，由于不同基因多态性会对多巴胺或 5- 羟色胺的代谢活动产生影响，受这些神经递质调控的脑区可能会直接受到不同基因的调控。另一方面，不同基因对某个脑区的直接调控效应会通过各个脑区之间或网络之间的连接进一步调控多个脑区或多个网络的激活水平，从而产生间接的调控作用。不过在这些直接或间接的调控途径中，哪些是创造力和精神疾病共有的，我们仍然需要进行多方位、深层次的研究。

　　基因与行为之间存在神经系统和细胞活动两种媒介，基因会更直接地调控神经活动，因此基因对神经活动的调控效应远大于对行为表现型的调控效应（ Mier， Kirsch， & Meyer-Lindenberg， 2010 ）。所以，在创造力与精神疾病的关系研究中，除了要使用传统的基因与行为关联研究来探讨分子基础，还应该继续探讨在调控大脑结构发育及功能方面，不同基因发挥的作用及具体机制。

未来风向标

在了解了创造力与精神疾病共有的遗传基因后，后续研究要对多种基因和不同基因多态性之间一致或不一致的相互作用进行探索。同时，还要明确这种相互作用的影响，以及创造力和情感加工的神经回路间功能、结构的联系和区别。

未来的研究应该整合神经回路分析和基因组学分析两大技术（Akil et al.，2010），分析多个脑区内基因表达数据的复合模式和基因组，进一步理解分子水平上的微观变化和大脑宏观变化之间的相互作用及其共同产生影响的机制，进而探索个体差异的源头。

创造力与精神疾病关系的全新视角：共享易感模型

早期的精神病学家提出，精神疾病的遗传可能是易感状态造成的，在未出现精神疾病症状时，患者也存在由遗传获得的易感状态（Byrne et al.，2003；Niemi，Suvisaari，Haukka，& Lönnqvist，2005），可能表现为抵抗应激源能力减弱。不过，也可能会在环境的诱导下表现出创造潜能。

有研究人员（Nettle，2006）就认为，精神分裂人格特质是促进还是阻碍创造力，会受到基因等变量和神经发展条件的影响。我们在影视剧中见过"疯子似的天才"，也见过由于患了精神疾病而变得呆傻的人，这体现了精神病症状在不同的人身上表现不同，而这种不同受基因和环境等多种因素的影响。

CREATIVITY

谁是操控人成为"天才"或"疯子"的命运之手

共享易感模型（Carson，2011；Carson，2013）结合神经影像和遗传研究的相关研究结果，为研究人员探寻创造力和精神疾病的关系提供了独特思路。该模型认为，基因上存在的易感因素会对特定群体的认知神经特征产生影响，增加其对有关材料的通达度，使其更易捕捉到常人容易忽略的无关信息以及快速捕捉稍纵即逝的观念或看似无关的环境刺激并从中受到启发（Ansburg & Hill，2003）。

这些人犹如敏锐的猎手，能够发现常人难以察觉的线索，而这些线索提高了他们的创造力。创造力和精神病症状就是这些特征可能的表现形式，而具体表现为哪一种形式，通常取决于保护性认知因素。

如果存在保护性认知因素，人就可以进行执行性监督，并对研究表现形式的增减进行控制。高创造力者可以监控不寻常的想法，进而更好地利用它们。也就是说，保护性认知因素能降低易感基因的消极影响，同时不破坏其积极影响，从而使人富有创造力；而如果缺乏其保护，人就容易患精神疾病。目前的研究已证实，神经过度连接、新奇性寻求增加和潜伏抑制降低属于共享易感因素；认知灵活性、工作记忆容量增加和高智商属于保护性因素（Carson，2013），如图 5-1 所示。

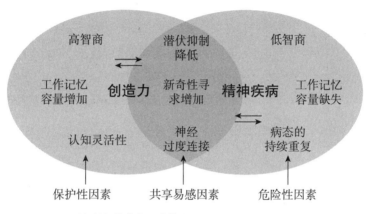

图 5-1　认知神经的共享易感模型
资料来源：Carson，2013。

正如我们在影视剧中常看到的天才科学家，他们可能拥有易感基因，但由于其认知灵活性和智商较高、工作记忆容量较大，其易感基因的积极影响被最大化了。反之，如果他们没有这些特质，则会走向另一个极端：疯子。

潜伏抑制是一种脑部过滤机制，指的是大脑在处理信息时会过滤掉不重要或无关的信息，使其无法进入意识（Carson，Peterson，& Higgins，2003）。无法过滤平常情境中的无关信息或许对其他方面有害，却有利于阈下加工和需要更大注意容量的创造性任务。如果人的潜伏抑制能力减弱，被过滤的信息少，一些偶然的额外信息便会被意识捕捉到并参与联想过程，进而生成更多新奇、独特的组合，使得产生创造性思维成果的可能性增加（Carson et al.，2003；Eysenck，1995；Nelson & Rawlings，2010）。

大量研究发现，高创造力者、精神分裂症患者和精神分裂症高危个体（如精神分裂症患者的后代）在创造性任务中都表现出潜伏抑制降低和散焦注意模式，且在信息加工过程中都易受无关信息的干扰。例如，普通人在进行注意聚焦时可以将注意力集中到当前任务上，高创造力者、精神分裂症患者和精神分裂症高危个体则容易分心，且容易受到无关信息的干扰。有研究（Fink et al.，2012）发现，潜伏抑制降低与新奇性和精神质之间显著相关，也就是说，新奇性和精神质得分高的人往往具有较低的潜伏抑制能力。

在潜伏抑制降低从而增加意识水平信息库存量的基础上，新奇性寻求增加能为进一步注意到新奇观点提供重要的内在动机。我们常常发现，高创造力者对发现新事物总是极富热情，即使是在没有外部奖励的情况下，他们依然如此。高创造力者对复杂或新异刺激的寻求高于对简单或熟悉刺激的寻求。寻求新异刺激生成的内在奖励会促使创造者产生探求知识的强烈欲望和内在动机（Schweizer，2006）。新奇性寻求与创造性人格和创造性驱力相关（Flaherty，2005；Reuter et al.，2005），且研究显示，双相抑郁患者（轻度）躁狂发作时，其在寻求新异刺激维度上得分较高（Minassian et al.，2011；Sasayama et al.，2011）。双相情感障碍患者躁狂发作时常伴随思维奔逸，他们的思维犹如脱缰的野马自由地在草原上驰骋遨游。

研究人员在对联觉的大脑机制研究中发现了神经过度连接现象（Loui，Li，Hohmann，& Schlaug，2011；Zamm，Schlaug，Eagleman，& Loui，2013）。神经过度连接指的是脑区间异常的神经连接，一般是大脑在发育过程中因不规则的突触修剪造成的。联觉不仅具有遗传性，且在高创造力人群中出现的频率比一般人群高 7 ～ 8 倍（Ramachandran & Hubbard，2001）。脑电图显示，高创造力者大脑左右半球内或半球之间的 α 波事件相关同步化更强，表明他们具有不同的大脑活动模式（Fink & Benedek，2014）。而突触修剪造成的脑区间过度连接的减少，可能为创造性思考时的远距离联想提供了神经基础。

研究还发现，神经过度连接与双相情感障碍的躁狂发作和精神分裂症的奇异联想都密切相关（McCrea，2008）。研究人员认为，大脑左右半球交互程度高和大脑半球单侧化程度低都可能是产生精神疾病和创造性思维的核心（Bekhtereva，et al.，2000；Folley & Park，2005）。这也就是说，精神疾病患者和高创造力者的大脑左右半球的连接更紧密、协同配合程度更高。

高智商的人更善于分配信息资源吗

一般智力因素在创造过程中起着重要作用，可通过限制信息加工自上而下的控制对创造性观点生成过程中的资源进行分配。也就是说，高智商的人往往能有效地分配资源，低智商的人则无法灵活且有效地分配资源（Fink & Neubauer，2006；Jung et al.，2009）。

研究人员基于一系列研究认为，潜伏抑制降低与创造力的关系受一般智力因素的调节。如果潜伏抑制降低能增加意识水平上未被过滤的刺激量，那么高智商则能提供足够的元认知技能，使人更好地加工和操纵各种未被过滤的信息并对其进行整合。高智商或许能防止人受额外刺激的干扰，使其能更有效地分配资源来加工和控制刺激，从而将可能的缺陷转变为超常的能力；而低智商的人可能无法有效地分配资源，容易被众多的感觉、联想等无关信息困扰，继而出现自我迷失（Carson，2011）。

另有研究发现，智商分值越低的精神分裂症高危个体，其患病风险越高（Zammit et al.，2004）。对高创造力者进行的研究（Carson et al.，2003）发现，高智商和潜伏抑制降低可以共同解释创造力测验得分中 30% 的方差。由此可以看出，当与潜伏抑制降低这一共享易感因素结合时，高智商能作为保护性因素，低智商则可能成为精神疾病的危险性因素。

采用弥散张量成像技术的研究表明，高智商表现与大脑解剖网络（Li et al.，2009）和大脑功能网络（van den Heuvel，Stam，Kahn，& Pol，2009）的高效率显著相关。也就是说，高智商的人可能同时拥有高效率的大脑网络，而这可能将精神病易感基因带来的积极影响最大化。

正如高智商有利于加工意识层面中的额外信息，工作记忆容量增加也是保护性因素之一。工作记忆是与执行控制密切相关的认知过程。在复杂任务中，工作记忆被视为暂时存储和加工信息并对其他存贮在长时记忆中的信息进行整合的一种能力（Baddeley，2002；Baddeley & Logie，1999）。创造性思维通常得益于各种远距离观点的联结和重组。例如，如果让我们说出一块砖头的用途，我们很容易想到的是用砖头来盖房子，这是其建筑方面的用途，在生活中很常见；但更具创意的回答是将砖头用来进行劈砖表演，这将"砖头"和"表演"这两个看似不相关的概念结合起来了。因此，同时保持并加工大量信息却不迷失的能力更有益于创造性认知的形成。

事实上，人的工作记忆中储存的信息量越大，其思维跨度就越大，表现出思维跳跃性联结的可能性也越大，解决创造性问题的成绩越好（Takeuchi et al., 2011；Vandervert, Schimpf, & Liu, 2007）。即工作记忆能力较好的人，其脑海中会同时存在更多想法，这为创新想法的生成提供了基础。相关研究也支持这一观点。科学家发现，抽象形式的工作记忆能预测人们解决顿悟问题的能力（DeYoung, Flanders, & Peterson, 2008），另外，潜伏抑制降低加上工作记忆测验得分较高，可以预测创造性成就分数 25% 以上的变异（Carson et al., 2011）。也就是说，将潜伏抑制降低与工作记忆得分高相结合，能在一定程度上预测人的创造性成就分数。

创造力实验室

　　研究显示，工作记忆缺损在精神分裂症患者、分裂型人格障碍患者以及精神分裂症未发病的家属身上都存在，只是后者在程度上要比前两者轻。在发病早期，患者的工作记忆缺损就已出现，且会一直持续存在，这是精神分裂症的认知内表型标记之一（Townsend, Norman, Malla, Rychlo, & Ahmed, 2002），它对预测高危人群有重要作用（Pantelis & Maruff, 2002）。这表明，如果存在精神疾病患病风险（如有家族遗传史）的人出现了工作记忆能力降低，就要当心精神疾病发作。

　　关于精神分裂症患者工作记忆的脑电图研究和脑成像研究的元分析发现，患者工作记忆的缺损除了与前额叶（尤其是背外侧前额叶）的激活量减少有关，还与其他相关脑区网络连接的异常变化有关（Glahn et al., 2005；Pachou et al., 2008）。进一步研究发现，在字母加工任务中，精神分裂症患者的腹外侧前额叶皮层活动增加，且其背外侧前额叶皮层活动减少，这意味着，他们大脑的中央执行能力和工作记忆的保存能力出现了损伤，且中央执行能力的损伤程度更加严重，而腹外侧前额叶皮层活动增加可能起到了代偿作用（Tan, Choo, Fones, & Chee, 2005）。

执行能力的核心成分不仅包括工作记忆，也包括认知灵活性，且与创造力的关系最为密切（Ritter et al., 2014）。尽管高创造力者具有典型的散焦注意模式和宽泛的联想倾向，但他们的聚焦注意（聚合思维）能力也很好，在任务性质和问题解决阶段，他们可以根据情境要求来控制认知资源并对注意模式、问题解决策略进行灵活的调整，使认知系统能以优化、灵活的方式完成创造性任务（Barbey, Colom, & Grafman, 2013；Zabelina & Robinson, 2010）。我们常常发现，高创造力者虽然思维很活跃，但如果他们决定完成某件事情，他们也会专心致志并高效率地完成，而这得益于其认知灵活性。

创造力实验室

有研究结果显示，人的创造性成就与内侧额上回和背侧前扣带回之间的静息态功能连接强度具有显著的相关关

系，而认知灵活性在此起着中介作用（Chen et al.，
2014）。在体验某些异常的知觉和不可思议的想法时，认
知灵活性可以帮助创造力高的人及时脱离类似精神病的体
验或使用合适的方式解释该体验（Carson，Peterson，&
Higgins，2003）。如果无法做到，他们可能会出现精神分
裂症或精神病倾向（Eysenck，1995）。

在面对情境改变时，正常人可以根据相应刺激灵活地
调整和转变反应，双相情感障碍患者和精神分裂症患者
则会变得手足无措，难以灵活地解决问题（Daban et al.，
2005）。

共享易感模型为创造力和精神疾病之间的关系提供了一种全新的理论
视角。但同时，它也存在诸多问题，有待进一步探索。

第一，该模型存在一些无法解释的现象及有待验证的假设。

第二，该模型是否具有跨基因与环境的普适性，仍需要未来研究结合
更精确的高端技术与巧妙的实验设计进一步进行探讨。

第三，该模型是根据以往研究推测出来的一个初步模型，仅是对创造
力和精神疾病关系的部分阐述，很有可能还存在其他共享易感因素和保护
性因素，因此我们仍需进一步对该模型进行拓展和完善。例如，在现有模
型的基础上，研究人员（Carson，2014）在最近的论述中新增加了情绪不
稳定性这一因素，并将其作为共享易感因素之一。

第四，有些成分可能仍未被该模型考察到，如创造力的环境因素、动机等。当人具有越多类似的有益因素时，越有可能实现创造性潜能。例如，有研究表明，动机特质在躁狂症的患病风险与创造性成就以及创造性自我评估中起着中介作用（Ruiter & Johnson，2015）。

第五，该模型考虑的因素只涉及认知神经机制，而最近的研究开始强调认知神经方面的风险因素与环境的交互作用。有研究（Kéri，2011）发现，社会支持性网络能与潜伏抑制降低产生交互作用，从而预测人的创造性成就。因此，未来对该模型的拓展可以从一系列认知神经因素和环境因素之间复杂的交互作用方面考虑。

创造力与精神疾病关系研究的未来

总体上看，创造力与精神疾病之间的关系较为复杂，虽然众多研究揭示出二者具有内在的紧密联系，但我们对这方面的研究还远远不够，仍有诸多问题尚待解决，具体包括但不限于以下 9 点。

第一，人们对"创造力"与"精神疾病"等概念的理解还远远不够。比如，当针对某一指标的测量工具或实验任务不同时，结果常常有很大差异。例如，研究人员（Acar & Runco，2012）发现，采用艾森克人格问卷测量精神质成绩与发散思维的独特性存在效应值为 0.5 的高相关性；而症状自评量表（SCL-90）测量出的精神质与发散思维的流畅性和有效性之间的相关性则低至 0.1 ～ 0.2。

第二，目前的研究大都未对智力和工作记忆等基本认知能力上的个体差异效应进行控制，而基本认知能力对个体创造力通常起着举足轻重的作用（Cho et al.，2010；Lee & Therriault，2013；Silvia，2008）。因此，虽然细节很重要，但将细节与大局结合才是王道。

　　第三，目前的研究多为单中心研究，样本量相对较小，许多结果的出现都只是小概率事件，完全无法真正用于指导实践（Munafo，Brown，& Hariri，2008）。未来的研究应注重跨团队合作，实现数据共享，在增强研究结果可靠性的同时，达成科研共赢。所以，在当下的信息时代，合作才是王道，敝帚自珍的做法终究不利于科研。

　　第四，目前的研究缺乏对环境变量以及遗传与环境交互作用机制的考量。考虑个体差异时，必须考察环境的影响（Gomez-Marin et al.，2014），如消极生活事件可能引发多种精神疾病（Van Winkel，Stefanis，& Myin-Germeys，2008），良好的教养方式及成长过程中健康的亲情、友情、爱情等情感关系则可以让人不畏困难（Schiffman et al.，2002）。差别易感性模型认为，受环境的影响，某些基因可能会出现马太效应：拥有某些特定基因特征的人在某些环境中更可能成为"天使"，而在另一些环境中更可能成为"魔鬼"——他们只是更敏感而已（Belsky & Pluess，2009；Ellis et al.，2011）。

　　基因的影响固然重要，但我们仍不可忽视环境的作用——撒旦生在天堂也可能会变成天使；某些进行高智商犯罪的罪犯如果没有选择犯罪而是进入了科研领域，他们也许能做出令世人惊叹的科技成果。

　　第五，目前的研究还未解决在个体发展过程中，创造力与精神疾病关联性的相关问题。虽然精神异常在高创造力者身上更常见，在一般创造力者身上不太明显（Simonton，2012），但越来越多关于神经病理学和脑成像的研究显示，**大脑异常在某些精神分裂症患者的生命早期已然存在，其完全表达则出现在患者成年之后**（Lymer et al.，2006）。

此外，有理论认为，个体的年龄不同，其易感性存在差异，不同易感性因素的发展和作用也不同；而且在没有成为稳定的"模式"之前，易感性是可以变化的（Abela & Sarin，2002；Cole，Jacquez，& Maschman，2001）。如前所说，环境对具有易感基因的人的作用是巨大的，如果我们能创造适宜的环境，减少风险刺激，就很有可能提前预防精神疾病的产生。

研究发现，儿茶酚－O－甲基转移酶和 5-羟色胺转运体与儿童双相情感障碍无相关性（Mick et al.，2009）。大量实证研究证明，随着年龄的增加，前额叶皮层的多巴胺能神经调节作用与认知功能之间呈"∩"形关系。也就是说，并不是一者随着另一者的升高而一直升高——虽然刚开始确实如此，但随着一者的升高，另一者的升高趋势会逐渐达到顶峰并在之后下降，它们之间的关系变化曲线便呈现为"∩"形。

而且，儿茶酶－O－甲基转移酶基因起着重要作用（Lindenberger et al.，2008）。在发展过程中，基因变异对人格特质、认知功能（如注意和工作记忆）的个体差异的影响会越来越大（Colzato，van den Wildenberg，& Hommel，2013；Plomin et al.，2001；Störmer et al.，2012）。携带精神疾病易感基因的人与普通人在生命早期可能不会表现出任何不同，但随着生命进程的进行，环境和基因不断协同作用并会塑造人的行为，这样一来，二者的差异会越来越明显。

未来
风向标

　　　　未来的研究可从以下问题入手：创造力和精神疾病之间的关联是如何从婴幼儿时期逐步发展的？最弱的联结点是如何发展成稳定的共发性模式的？背后的机制是什么？在创造力和精神疾病的关联中，遗传效应与环境效应随年龄增长而发展变化的趋势如何？

　　　　研究方法可以是：开展大样本纵向研究，根据特定基因与环境指标的重复测量数据，以动态视角探究创造力与精神疾病关系的发展机制以及早期预测个体差异。大多数现有的研究均采用横断设计，无法考察变量之间的因果联系，而纵向设计可以达到此目的。

　　第六，关于创造力在不同领域的表现与神经基础的研究尚有许多待解决的谜团。迪安·西蒙顿（Simonton，2012）认为，如果要探讨创造力与精神疾病的关系，首先要明晰创造力的领域问题，因为某些特殊领域（尤其是文学领域）的精神疾病患者更加普遍（Kyaga et al.，2011，2013；Nelson & Rawlings，2010）。另外，精神异常出现的频率、强度和具体症状在不同的艺术或科学领域存在差异（Ludwig，1992）。创造力的行为表现及其发生发展机制在数学、自然科学、诗歌和舞蹈等不同领域各有不同（Baer & Kaufman，2005）。

　　近年来，大量神经科学研究表明，艺术创造力和科学创造力的大脑神经基础存在一定的差异：前者主要涉及额叶、颞叶和顶叶，而后者主要涉及额叶、顶叶和扣带回（Jung et al.，2010；Limb & Braun，2008）。艺术创造力是指人在绘画、艺术设计、写作等艺术方面的创造力，科学创造力则可以理解为人在科学创造方面的潜力，如改造自行车以便骑起来更省力。这两种创造力在根本上有明显的不同，因此其涉及不同的脑区并不奇怪。这种差异究竟是源于任务本身的差异，还是源于认知加工过程的差异或个体间的差异，目前尚无公认的结论。

**未来
风向标**

　　未来的研究可以从以下问题入手：与精神疾病相关的不同基因对创造性加工网络中多个脑区的调控效应，是特异于某种创造性任务，还是参与调控多种创造性任务？这需要进一步探讨特殊领域创造力与精神疾病关系的神经基础和基因基础。

　　此外，不同个体间创造力的差异不仅体现在创造力高低上，还体现在创造方式和创造风格上。同时，不同范围的创造力测评方式和实现形式也不同。例如，一般创造力的测量指标包括图画和言语任务中思维的流畅性、灵活性、新奇性和精细性等，音乐方面的创造力评估指标则包括音高、音程辨别等。相比于单一指标的预测，多个指标可以反映多个侧面的综合测评信度和效度。不过，目前还没有通用的测量工具，尤其是缺少测量特殊领域创造力的工具。而且，目前相关研究大多使用发散思维任务来考察创造力，因此，如果只是简单地对流畅性或独特性进行评价，就有可能忽视有效性这一重要标准，继而有可能得出片面的结论。所以，未来有关创造力的研究应进一步优化测评方法，探索有效的测验范式以及开发出生态效度和预测效度更高的标准化测量工具。

第七，对于如何将创造力和精神疾病之间关系的新发现扩展到对各类发展性障碍的干预研究与实践中，仍待进一步研究。有研究人员对创造力的提升作用进行研究后发现，短期训练（5 小时）对与顿悟问题解决有关的一系列认知过程涉及的脑区产生了功能可塑性影响，如右扣带回、脑岛、额下回和额中回等。这就像在生活中，当我们为某个问题绞尽脑汁时，可以暂时放下这个问题，静心冥想一会儿，这样很可能就会想出解决办法，原因可能在于冥想使得与创造力有关的脑区进行了重组和连接。

以往的研究也表明，整体身心调节法可以有效地改善焦虑、抑郁等情绪状态，而且研究发现上述脑区与消极自我相关信息的加工和情绪调节密切相关。这就是为什么人在练瑜伽时需要通过深呼吸式冥想来调整情绪状态。因此，当我们感到焦虑和不开心时，不如把烦心事抛到脑后，听听舒缓的音乐，并跟着音乐冥想，这样，我们的情绪状态一定会大大改善。

未来风向标

未来我们需要对此干预方法影响创造力、情绪状态的迁移性、持续性、深层机制进行实验验证，并进一步细化和明确该干预方法中的各个参数。这意味着，未来研究可考虑在个体发展过程中，通过一定的措施促进个体情绪智力的潜能和创造力。

另外，由于创造力和精神疾病可能是共同的生物易感因素导致的不同结果，因此有精神病学家指出，患有精神疾病的艺术家的创造性活动强化了其心理症状，会导致症状恶化而非缓解，有效的治疗方法可能是减少和放弃艺术活动（Landgarten，1990；Rothenberg，1990）。近来的研究发现，精神疾病的药物治疗常常对患者的创造力产生负面效应（Flaherty，2011）。然而，也有研究称，创作训练（写作疗法）及相关的干预技术对一般精神病理症状的康复有较好的促进作用（Kaufman & Kaufman，2009）。

对于心理治疗和干预，尤其是艺术治疗会对创造力或创造力与精神疾病的关系产生怎样的影响，这方面的应用报道和系统研究目前仍然不足。

未来风向标

　　未来研究的一个方向是，为了揭示精神疾病的病因学和治疗机制，应通过大样本动态地探究健康群体和预后情况不一样的精神疾病患者之间创造力表现的差异，以及家庭和人格等因素的具体作用。

此外，创造力和精神疾病关系的领域特定性提示我们，在进行精神疾病的治疗和干预时，不能笼统地"一刀切"。我们应该结合个体未来发展方向和其从事具体领域或专业的特点，进行深入、细致的分析，制定高区分性和针对性的干预措施，进一步完善训练内容，并在促进患者的精神功能康复、治疗精神疾病的基础上，尽可能降低其负面效应。例如避免损害创作过程中所需的认知能力和气质，以提高精神疾病患者适应环境的可能性和效率，促进患者的康复。

第八，环境与个体差异对创造力和精神疾病关系的影响，仍有诸多待解决的问题。创造力和精神疾病之间的关系是由多种环境因素和遗传因素的相互作用决定的。研究发现，5- 羟色胺转运体和人对早期压力事件的反应在大脑功能上存在交互作用（Canli et al.，2006）。而高创造力者由于经常表现出低从众性和低秩序性（不寻常的想法和行为）而常受到排斥或反对，他们长期生活在巨大的压力下。研究发现，在对艺术创造力的影响上，硫酸脱氢表雄酮①的水平与社会排斥存在显著的交互作用，即社会排斥对情感易感性更高的人影响最大，但也能促使其完成最具创造力的作品（Akinola & Mendes，2008）。

未来风向标

　　未来的研究可以从以下问题入手：影响创造性倾向或行为的基因和环境变量之间是如何相互影响的？这些因素之间的相互影响在大脑结构和大脑功能上是如何表现的？这些表现与精神疾病的发生发展有何关联？各种应对策略是如何减轻特定基因本身的易感性的？行为干预如何减少不良的基因和环境相互作用带来的风险因素？

　　值得注意的是，现有的有关创造力与精神病性倾向的研究多是在西方个人主义文化背景下进行的，其结论需要在更广的文化背景下进行验证、修正和完善。例如，在中国集体文化和传统的儒家中庸文化的背景下，对于创造力和精神疾病的关系是否有独特的变化和意义，我们仍需进行研究以深入探讨。此外，在不同种群中，某些基因的基因型频率和等位基因

---

① 肾上腺分泌的最主要的类固醇激素，与情感易感性密切相关。

频率分布存在显著差异。例如，研究人员对欧洲人群和亚洲人群的儿茶酚－O－里基转移酶多态性进行元分析后发现，对欧洲人群来说，Val 等位基因是精神分裂症患病的危险因素，但对亚洲人群来说，尚没有足够的证据表明 Val 等位基因是精神分裂症患病的危险因素（Glatt，Faraone，& Tsuang，2003）。

另一个问题是，不同易感基因的验证群体在表型界定、种族方面有所不同，因此，即使不同易感基因的验证人群在增多，但我们仍要恰当地处理各验证群体之间的异质性。这种对个体差异的研究有利于我们深入理解创造力的本质并识别与精神疾病有关的神经回路和基因，进而深入理解创造力和精神疾病关系的本质。

第九，随着技术的发展，使用和管理数据的能力有待提升。神经成像和基因组学领域的基础研究产生了大量的数据，而在当下的大数据时代，这些数据已从简单的处理对象转变为基础性资源。因此，研究人员有机会和条件在大脑领域和深层次的基因领域来理解创造力和精神疾病的关系。

未来风向标

　　未来的研究可以从以下问题入手：如何应用共享数据库和共享工具进行数据存储、数据管理和数据分析，以建立良性的大数据生态环境，从而使各个研究组能更好地共享和整合这些全面、系统的数据？如何使用新的数据探索型研究方式和数据思维来应对这些数据？如何提升数据解释能力，同时对数据结果进行模型化和逻辑整合，以应对大数据时代数据分析结果庞大及数据分析结果之间关联极其复杂的局面？

　　事实上，创造力本身是一种极其复杂的高级心理活动。例如，约翰·霍兰德（John Holland）在《涌现》（*Emergence*）一书中指出，诗歌重在创造一种复杂的朦胧性，可以让不同的读者产生不同的感悟，物理学家则在努力让一切"朦胧"的事情变得清晰起来。但现在我们知道，不确定性才是更加普遍的。正是由于不确定、不稳定和不对称，才有了繁花似锦的世界，才有了多样性，也因此，我们才能讨论什么是创造力以及如何创造更多样的未来。

　　本书是我带领团队多年从事心理学研究以来，对情绪与创造力关系研究进行的总结与概述。它承载着我们的青春与理想，展现了我们的思考与成长，包含着我们劳动的汗水、收获的欣喜和对情绪与创造力关系的心理学研究的种种感悟。更重要的是，它蕴含着我对心理学研究的挚爱与深情。

　　本书的出版得益于出版方以及我的整个研究团队的大力支持，有了他们的倾力相助，本书才得以顺利出版。

　　"一定要，爱着点什么"是汪曾祺先生的一句话，它经常萦绕在我的脑海中。我常想：我要爱的到底是什么呢？我带着这个疑问一路求学、一路找寻。过往的人生经历为我提供了探寻人生的契机，使我找到并如愿从事了自己钟爱的心理学研究。正是在这种热情的驱动下，我全身心地投入心理学研究中，试图将基础研究与实际应用相结合。基于此目的，我与团队成员一起完成了本书。

　　我真诚地希望本书能给读者朋友带来一些思考和启发，也希望读者朋友在日常创造中能感受到幸福，并在幸福中产生创造性活动。同时，我也希望本书能帮助和当初的我一样热爱心理学的爱好者和研究人员，并尽可能提供一些参考价值和意义。

　　最后，我郑重声明两点：一是书中参考和引用了许多国内外的文献资料，由于本书体例所限，我未能在书中一一注明，仅列出了部分参考文献，以供读者查阅；二是虽然我们认真地对内文进行了编写和校对，但限于能力和水平，错误和不足仍在所难免，敬请读者朋友批评指正。

2023 年 4 月

未来，属于终身学习者

我这辈子遇到的聪明人（来自各行各业的聪明人）没有不每天阅读的——没有，一个都没有。巴菲特读书之多，我读书之多，可能会让你感到吃惊。孩子们都笑话我。他们觉得我是一本长了两条腿的书。

——查理·芒格

互联网改变了信息连接的方式；指数型技术在迅速颠覆着现有的商业世界；人工智能已经开始抢占人类的工作岗位……

未来，到底需要什么样的人才？

改变命运唯一的策略是你要变成终身学习者。未来世界将不再需要单一的技能型人才，而是需要具备完善的知识结构、极强逻辑思考力和高感知力的复合型人才。优秀的人往往通过阅读建立足够强大的抽象思维能力，获得异于众人的思考和整合能力。未来，将属于终身学习者！而阅读必定和终身学习形影不离。

很多人读书，追求的是干货，寻求的是立刻行之有效的解决方案。其实这是一种留在舒适区的阅读方法。在这个充满不确定性的年代，答案不会简单地出现在书里，因为生活根本就没有标准确切的答案，你也不能期望过去的经验能解决未来的问题。

而真正的阅读，应该在书中与智者同行思考，借他们的视角看到世界的多元性，提出比答案更重要的好问题，在不确定的时代中领先起跑。

湛庐阅读 App：与最聪明的人共同进化

有人常常把成本支出的焦点放在书价上，把读完一本书当作阅读的终结。其实不然。

时间是读者付出的最大阅读成本

怎么读是读者面临的最大阅读障碍

"读书破万卷"不仅仅在"万"，更重要的是在"破"！

现在，我们构建了全新的"湛庐阅读"App。它将成为你"破万卷"的新居所。在这里：

● 不用考虑读什么，你可以便捷找到纸书、电子书、有声书和各种声音产品；

● 你可以学会怎么读，你将发现集泛读、通读、精读于一体的阅读解决方案；

● 你会与作者、译者、专家、推荐人和阅读教练相遇，他们是优质思想的发源地；

● 你会与优秀的读者和终身学习者为伍，他们对阅读和学习有着持久的热情和源源不绝的内驱力。

下载湛庐阅读 App，
坚持亲自阅读，
有声书、电子书、阅读服务，
一站获得。

CHEERS

本书阅读资料包
给你便捷、高效、全面的阅读体验

本书参考资料　　　　　　　　　　　　　　　　　　　　湛庐独家策划

- ☑ **参考文献**
  为了环保、节约纸张，部分图书的参考文献以电子版方式提供

- ☑ **主题书单**
  编辑精心推荐的延伸阅读书单，助你开启主题式阅读

- ☑ **图片资料**
  提供部分图片的高清彩色原版大图，方便保存和分享

相关阅读服务　　　　　　　　　　　　　　　　　　　　终身学习者必备

- ☑ **电子书**
  便捷、高效，方便检索，易于携带，随时更新

- ☑ **有声书**
  保护视力，随时随地，有温度、有情感地听本书

- ☑ **精读班**
  2~4周，最懂这本书的人带你读完、读懂、读透这本好书

- ☑ **课　程**
  课程权威专家给你开书单，带你快速浏览一个领域的知识概貌

- ☑ **讲　书**
  30分钟，大咖给你讲本书，让你挑书不费劲

湛庐编辑为你独家呈现
助你更好获得书里和书外的思想和智慧，**请扫码查收！**

(阅读资料包的内容因书而异，最终以湛庐阅读App页面为准)

图书在版编目（CIP）数据

情绪就是你的创造力 / 罗跃嘉主编；邱江，李亚丹，
杨文静著 . -- 杭州：浙江教育出版社，2023.5
ISBN 978-7-5722-5701-8

Ⅰ . ①情… Ⅱ . ①罗… ②邱… ③李… ④杨… Ⅲ .
①情绪—关系—创造能力—研究 Ⅳ . ① B842.6 ② G305

中国国家版本馆 CIP 数据核字 (2023) 第 061560 号

上架指导：心理学 / 畅销书

情绪就是你的创造力

QINGXU JIUSHI NI DE CHUANGZAOLI

罗跃嘉　主编

邱江　李亚丹　杨文静　著

责任编辑：李　　剑
文字编辑：刘亦璇
美术编辑：韩　波
责任校对：高露露
责任印务：陈　沁
封面设计：ablackcover.com
出版发行：浙江教育出版社（杭州市天目山路 40 号　电话：0571-85170300-80928）
印　　刷：天津中印联印务有限公司

开　　本：710mm ×965mm 1/16		插　　页：1	
印　　张：16		字　　数：204 千字	
版　　次：2023 年 5 月第 1 版		印　　次：2023 年 5 月第 1 次印刷	
书　　号：ISBN 978-7-5722-5701-8		定　　价：109.90 元	

如发现印装质量问题，影响阅读，请致电 010-56676359 联系调换。